高等职业教育装备制造类专业新形态精品教材

数控编程与加工

主　编　曾辉藩　徐运芳　皮　杰
主　审　谭见君

中国轻工业出版社

图书在版编目（CIP）数据

数控编程与加工/曾辉藩，徐运芳，皮杰主编．--北京：中国轻工业出版社，2024.11
ISBN 978-7-5184-4564-6

Ⅰ.①数… Ⅱ.①曾…②徐…③皮… Ⅲ.①数控机床—程序设计—教材②数控机床—加工—教材 Ⅳ.①TG659

中国国家版本馆CIP数据核字（2023）第180120号

责任编辑：王 淳　责任终审：李建华
文字编辑：宋 博　责任校对：晋 洁　封面设计：锋尚设计
策划编辑：宋 博　版式设计：致诚图文　责任监印：张 可

出版发行：中国轻工业出版社（北京鲁谷东街5号，邮编：100040）
印　　刷：三河市万龙印装有限公司
经　　销：各地新华书店
版　　次：2024年11月第1版第1次印刷
开　　本：787×1092　1/16　印张：9.5
字　　数：219千字
书　　号：ISBN 978-7-5184-4564-6　定价：42.00元
邮购电话：010-85119873
发行电话：010-85119832　010-85119912
网　　址：http：//www.chlip.com.cn
Email：club@chlip.com.cn

221610J2X101ZBW

本书编写人员

主　编　曾辉藩　徐运芳　皮　杰

副主编　邓　婷　刘　翼　陈　昕　陆伟霞　张　旺

参　编　范润宇　向建军　李　娇

主　审　谭见君

前言
Foreword

习近平总书记在党的二十大报告中提出，必须坚持“人才是第一资源”，“深化实施人才强国战略。培养造就大批德才兼备的高素质人才，是国家和民族长远发展大计。”其中，培养高技能人才、用好用活高技能人才是技能强国的重要动力。在装备制造业高质量发展的背景下，培养一批具有精湛技术和掌握高技能的数控加工技术技能人才显得尤为重要。

为了培养高质量的数控加工技术技能人才，教材编写组坚持“产教融合”理念，紧靠数控加工这一先进制造技术，紧密联系生产制造企业，遴选企业案例和真实项目载体，优化课程教学内容，采用项目式驱动教学法，培养学生数控编程与加工技术这一核心技能。本书具有典型性、系统性、全面性等特点。

1. 本书中的教学单元均由工程机械装备生产企业典型生产案例转化，按照岗位工作任务流程合理编排，整体结构清晰，学习任务明确，教学单元任务“岗课证”一体，内容由浅入深、循序渐进、逐层递进，有利于培养学生的职业能力。

2. 注重数控编程与加工工艺要求、技术标准和操作规范，具有理论与实践有效结合的特点，每个教学项目内容均包括任务引入、理论知识、案例穿插、任务实施等步骤。

3. 注重数控编程与加工技术的全面性，全书涵盖了数控车削编程与加工工艺、数控铣削编程与加工工艺、数控加工中心编程与加工工艺等企业应用较为广泛的数控加工技术。

本书由湖南科技职业学院曾辉藩、徐运芳、皮杰担任主编。全书共分十一个项目：项目1数控加工认识，项目2圆锥销的数控加工，项目3阶梯轴的数控加工，项目4滚轮零件内孔的数控加工，项目5滚轮零件内沟槽的数控加工，项目6连接螺杆的数控加工，项目7支撑座的平面数控加工，项目8支撑座的轮廓数控加工，项目9支撑座型腔的数控加工，项目10支撑座槽的数控加工，项目11支撑座孔的数控加工。编写分工如下：项目1由湖南科技职业学院皮杰老师编写，项目2由湖南科技职业学院刘翼老师编写，项目3由湖南交通工程学院陆伟霞老师编写，项目4由湖南科技职业学院曾辉藩老师编写，项目5由湖南商业技师学院张旺老师编写，项目6由湖南科技职业学院徐运芳老师编写，项目7由湖南科技职业学院陈昕老师编写，项目8由湖南科技职业学院范润宇老师编写，项目9由湖南科技职业学院向建军老师编写，项目10由湖南生物机电职业技术学院李娇老师编写，项目11由湖南科技职业学院邓婷老师编写。谭见君教授担任主审，负责对全书进行审核。

本书配有丰富教学资源，如有需要配套资源，或遇到书中其他问题，均可联系编者邮箱：598304742@ qq. com。

本书在编写过程中，得到了职教界专家和学校领导的大力支持，同时借鉴了国内外同行的最新资料和文献，在此一并表示衷心的感谢。由于编写时间仓促，编写水平有限，本书难免会有不足之处，敬请使用者批评指正。

编者

目录
Contents

项目1　数控加工认识

1.1　数控车削简介

数控车削是数控加工中最常用的方法之一，主要用于加工轴类、盘类等回转类零件。可自动完成内外圆柱面、圆锥面、成型表面、螺纹和端面等工序的切削加工，并能进行切槽、钻孔、扩孔、铰孔等工作。尤其是数控车削中心可在一次装夹中完成更多的加工工序，提高加工精度和生产效率，特别适合形状复杂的回转类零件的加工。

1.1.1　数控车床的组成及布局

1.1.1.1　数控车床的组成

与普通车床相比较，数控车床在结构上仍然是由床身、主轴箱、刀架、进给传动系统、液压系统、冷却系统、润滑系统等部分组成。由于实现了计算机数字控制，伺服电动机驱动刀具作连续纵向和横向进给运动，所以数控车床的进给系统与普通车床的进给系统在结构上存在着本质上的差别。普通车床主轴的运动经挂轮架、进给箱、溜板箱传到刀架实现纵向和横向进给运动；数控车床则是采用伺服电动机经滚珠丝杠传到滑板和刀架，实现纵向（Z向）和横向（X向）进给运动。可见数控车床进给传动系统的结构大为简化。

1.1.1.2　数控车床的布局

数控车床的主轴、尾座等部件相对床身的布局形式与普通车床基本一致。因为刀架和导轨的布局形式直接影响数控车床的使用性能及车床的结构和外观，所以刀架和导轨的布局形式发生了根本的变化。另外，数控车床上都设有封闭的防护装置，有些还安装了自动排屑装置。

（1）床身和导轨的布局

数控车床床身导轨与水平面的相对位置如图1-1所示，它有5种布局形式。一般来说，中、小规格的数控车床采用斜床身和卧式床身斜滑板的居多，只有大型数控车床或小型精密数控车床才采用平床身，采用立床身的较少。

（2）刀架的布局

刀架是数控车床的重要部件之一，它对车床的整体布局及其工作性能影响很大。按换刀方式的不同，数控车床的刀架主要有回转刀架和排式刀架两种。

① 回转刀架。回转刀架是数控车床最常用的一种典型刀架系统。如图1-2所示，回

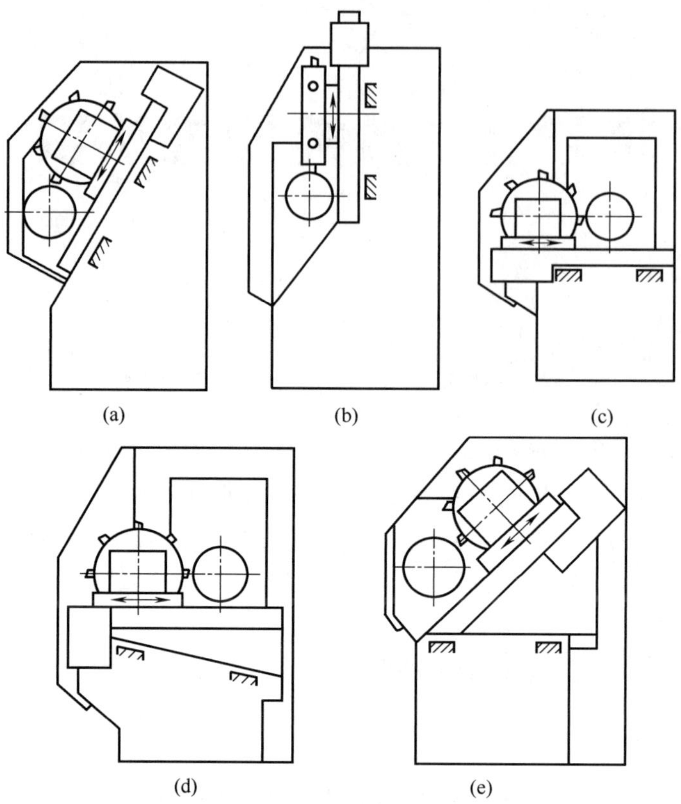

图 1-1　床身和导轨的布局

（a）后斜床身-斜滑板　（b）立床身-立滑板　（c）卧式床身-平滑板

（d）前斜床身-平滑板　（e）卧式床身-斜滑板

转刀架在车床上的布局有两种形式：一种是适用于加工轴类和盘类零件的回转刀架，其回转轴与主轴平行［图 1-2（a）］；另一种是适用于加工盘类零件的回转刀架，其回转轴与主轴垂直［图 1-2（b）］。

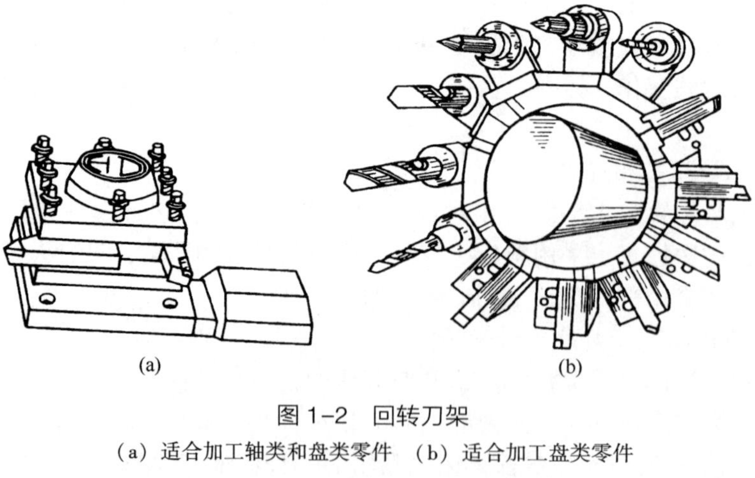

图 1-2　回转刀架

（a）适合加工轴类和盘类零件　（b）适合加工盘类零件

② 排式刀架。排式刀架一般用于小规格数控车床，以加工棒料或盘类零件为主。排式刀架刀具的典型布置形式如图 1-3 所示。

1.1.2　数控车床的分类

1.1.2.1　按主轴的配置形式分

(1) 卧式数控车床

卧式数控车床的主轴轴线处于水平布置。卧式数控车床又可分为数控水平导轨卧式车床和数控倾斜导轨卧式车床。倾斜导轨结构可以使数控车床具有更大的刚性，并易于排除切屑。

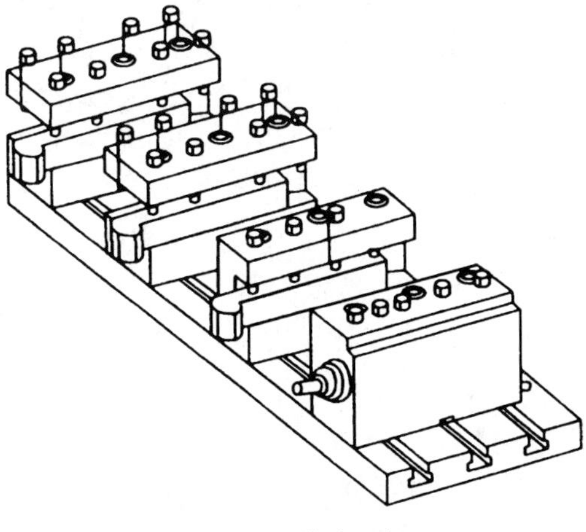

图 1-3　排式刀架

(2) 立式数控车床

立式数控车床的主轴轴线垂直于水平面布置。立式车床主要用于加工径向尺寸大、轴向尺寸相对较小的大型复杂零件。

1.1.2.2　按数控系统控制的轴数分

① 两轴控制的数控车床。车床上只有一个回转刀架，可实现两坐标轴联动。

② 四轴控制的数控车床。车床上有两个回转刀架，可实现四坐标轴联动。

③ 多轴控制的数控车床。车床上除了控制 X、Z 两个坐标外，还可控制其他坐标轴，实现多轴控制，如具有 C 轴控制功能。车削加工中心或柔性制造单元都具有多轴控制功能。

1.1.2.3　按数控系统的功能分

① 经济型数控车床。一般采用步进电动机驱动的开环伺服系统，具有 CRT 显示、程序存储、程序编辑等功能，加工精度较低，功能较简单。

② 全功能型数控车床。是较高档次的数控车床，具有刀尖圆弧半径自动补偿、恒线速、倒角、固定循环、螺纹切削、图形显示、用户宏程序等功能。加工能力强，适用于精度高、形状复杂、循环周期长、品种多变的单件或中小批量零件的加工。

③ 精密型数控车床。采用闭环控制，不但具有全功能型数控车床的全部功能，而且其机械系统的动态响应较快，在普通数控车床的基础上增加了其他附加坐标轴，适用于精密和超精密加工。

1.1.3　数控车削的加工对象

数控车削是数控加工中用得最多的加工方法之一。同常规加工相比，数控车削的加工对象具有以下特点。

1.1.3.1　轮廓形状特别复杂或难于控制尺寸的回转体零件

车床数控装置都具有直线和圆弧插补功能，还有部分车床的数控装置具有非圆曲线的插补功能，所以能车削具有任意平面曲线轮廓的回转体零件，包括通过拟合计算处理后的、不能用方程描述的列表曲线类零件。

1.1.3.2 高精度零件

零件的精度要求主要指尺寸、形状、位置和表面精度要求，其中表面精度主要是指表面粗糙度。高精度零件有：尺寸精度高（达 0.001mm 或更小）的零件，圆柱度要求高的圆柱体零件，素线直线度、圆度和倾斜度均要求高的圆锥体零件，线轮廓度要求高的零件（其轮廓形状精度可超过用数控线切割加工的样板精度）等。在特种精密数控车床上，还可以加工出几何轮廓精度极高（达 0.0001mm）、表面粗糙度极小（*Ra* 达 0.02μm）的超精零件，以及通过恒线速切削功能加工表面粗糙度要求高的各种变径表面类零件等。

1.1.3.3 特殊的螺旋零件

特殊的螺旋零件是指特大螺距（或导程）、变（增/减）螺距、等螺距与变螺距或圆柱与圆锥螺旋面之间作平滑过渡的螺旋零件，以及高精度的模数螺旋零件（如圆柱、圆弧蜗杆）和端面（盘形）螺旋零件等。

1.1.3.4 淬硬工件

在大型模具加工中，有不少尺寸大且形状复杂的零件。这些零件热处理后的变形量较大，磨削加工困难，而在数控车床上可以用陶瓷车刀对淬硬后的零件进行车削加工，以车代磨，提高加工效率。

1.1.3.5 高效率

通过增加车床的控制坐标轴，就能在一台数控车床上同时加工出两个多工序的相同或不同的零件，可显著提高数控车削加工效率。

1.2 数控车削加工工艺

1.2.1 数控车削加工工艺的制定

数控车削加工工艺制定得合理与否对数控加工程序编制、数控车床加工效率以及工件的加工精度都有重要的影响。因此，根据车削加工的一般工艺原则并结合数控车床的特点来制定零件的数控车削加工工艺显得非常重要。数控车削加工工艺的制定包含以下几个方面。

1.2.1.1 零件的工艺性分析

（1）零件图分析

零件图分析是制定数控车削加工工艺的首要工作，主要应考虑以下几个方面。

① 尺寸标注方法。编制数控车削程序时，点、线、面的位置一般是以工件坐标原点为基准的。因此，标注零件图尺寸时，应根据数控车床编程特点，尽量直接给出坐标尺寸，或采用同一基准标注尺寸，以减少编程辅助时间，容易满足加工要求。

② 零件轮廓几何要素。手工编程时需要知道几何要素各节点坐标；在 CAD/CAM 编程时，要对轮廓所有的几何要素进行定义。因此，在分析零件图样时，要分析几何要素给定条件是否充分，应尽量避免因参数不全或不清导致编程计算难度增加，甚至无法编程。

③ 精度和技术要求。保证零件精度和各项技术要求是最终目标，只有在分析零件有

关精度要求和技术要求的基础上，才能合理选择加工方法、装夹方法、刀具及切削用量等。例如，对于表面粗糙度要求高的表面，应采用恒线速度切削，若还要采用其他措施（如磨削）加以弥补，则应给后续工序留出余量。对于零件图上位置精度要求高的表面，应尽量在同一次装夹中完成它们的切削。

（2）结构工艺性分析

零件结构工艺性分析是指零件对加工方法的适应性，即所设计的零件结构应便于加工成型。在数控车床上加工零件时，应根据数控车床的特点，认真分析零件结构的合理性。在进行结构分析时，若发现问题应及时与设计人员或有关部门沟通并提出相应的修改意见和建议。

1.2.1.2　确定数控车削的加工内容

在分析零件形状、精度和其他技术要求的基础上，选择数控车削的内容。选择数控车削的内容时应注意以下几个方面：

a. 优先考虑普通车床无法加工的内容作为数控车床的加工内容。

b. 重点选择普通车床难加工、质量也很难保证的内容作为数控车床加工内容。

c. 在普通车床上加工效率低、工人操作劳动强度大的加工内容可以考虑在数控车床上加工。

1.2.1.3　数控车削加工工艺方案的拟订

数控车削加工工艺方案的拟订是制定数控车削加工工艺的重要内容之一，其主要内容包括选择各加工表面的加工方法、安排工序的先后顺序、确定刀具的走刀路线等。技术人员应根据从生产实践中总结出来的一些综合性工艺原则，结合现场的实际生产条件提出几种方案，通过对比分析，从中选择最佳方案。

（1）拟定工艺路线

① 加工方法的选择。回转体零件的结构形状虽然是多种多样的，但它们都是由平面、内圆柱面、外圆柱面、曲面、螺纹等组成。每一种表面都有多种加工方法，实际选择时应结合零件的加工精度、表面粗糙度、材料、结构形状、尺寸及生产类型等因素全面考虑。

② 加工顺序的安排。在选定加工方法后，就要划分工序和合理安排工序的顺序。零件的加工工序通常包括切削加工工序、热处理工序和辅助工序。工序安排一般有两个原则，即工序分散和工序集中。在数控车床上加工零件时，应按工序集中的原则划分工序。

安排零件车削加工顺序一般遵循下列原则：

a. 先粗后精。按照粗车→半精车→精车的顺序进行。

b. 先近后远。通常在粗加工时，离换刀点近的部位先加工，离换刀点远的部位后加工，以便缩短刀具的移动距离，减少空行程时间，这样做也有利于保持坯件或半成品件的刚性，改善其切削条件。如图 1-4 所示的零件是直径相差不大的台阶轴，加工此类零件时，当第一刀的切削深度未超限时，刀具宜按 ϕ40mm→ϕ42mm→ϕ44mm 的顺序加工。如果按 ϕ44mm→ϕ42mm→ϕ40mm 的顺序安排车削，不仅会增加刀具返回换刀点所需的空行程时间，而且还可能使台阶的外直角处产生毛刺。

c. 内外交叉。对既有内表面（内型、内腔），又有外表面的零件，安排加工顺序时，应先粗加工内外表面，然后精加工内外表面。加工内外表面时，通常先加工内型和内腔，然后加工外表面。

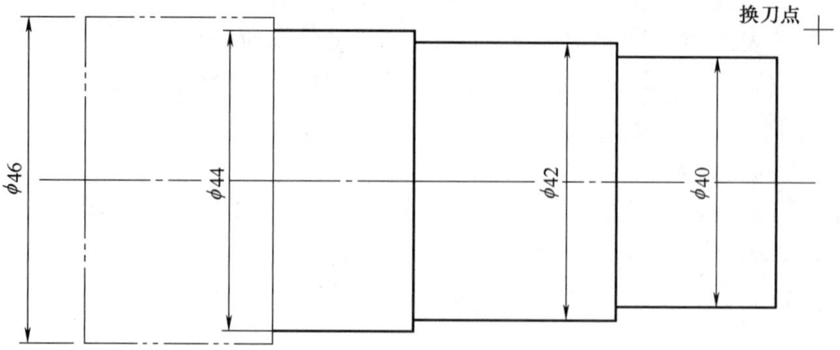

图 1-4　台阶轴零件图

d. 刀具集中。尽量用一把刀加工完相应各部位后，再换另一把刀加工其他部位，以减少空行程和换刀时间。

e. 基面先行。用作精基准的表面应优先加工。

（2）确定走刀路线

确定走刀路线的主要工作是确定粗加工及空行程的进给路线等，因为精加工的切削过程的进给路线基本上是沿着零件轮廓顺序进给的。走刀路线一般是指刀具从起刀点开始运动起，直至返回该点并结束加工程序所经过的路径为止，包括切削加工的路径及刀具引入、切出等非切削空行程。

① 刀具引入、切出。在数控车床上进行加工时，尤其是精车时，要妥当考虑刀具的引入、切出路线，尽量使刀具沿轮廓的切线方向引入、切出，以免因切削力的突然变化而造成弹性变形，致使光滑连接轮廓上产生表面划伤、形状突变或滞留刀痕等疵病。车螺纹时，必须设置升速段和降速段，这样可避免因车刀升/降速而影响螺距的稳定。

② 确定最短的空行程路线。确定最短的走刀路线，除了依靠大量的实践经验外，还应善于分析，必要时可辅以一些简单计算。

a. 灵活设置程序循环起点。在车削加工编程时，多数情况下采用固定循环指令编程，如图 1-5 所示是采用矩形循环方式进行外轮廓粗车的一种情况。考虑加工过程中换刀的安全，常将起刀点设在离坯件较远的 *A* 点位置处，同时将起刀点和循环起点重合，其走刀路线如图 1-5（a）所示。若将起刀点和循环起点分开设置，分别在 *A* 点和 *B* 点处，其走刀路线如图 1-5（b）所示。显然，图 1-5（b）所示的走刀路线较短。

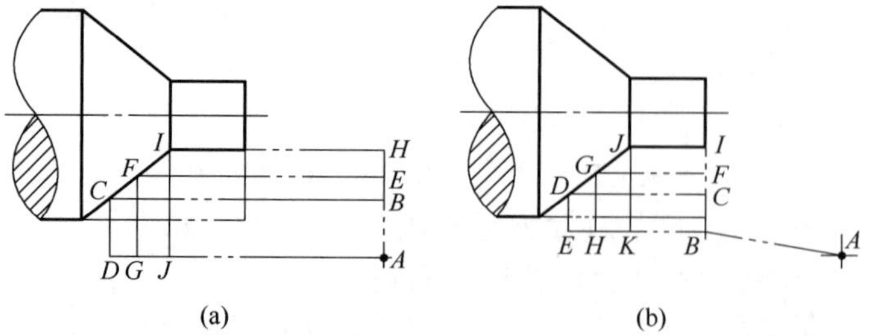

图 1-5　起刀点和循环起点设置

（a）走刀路线 1　（b）走刀路线 2

b. 合理安排返回换刀点。在手工编制较为复杂轮廓的加工程序时，编程者有时会将每一刀加工完成后的刀具通过执行返回换刀点命令，使其返回到换刀点位置，然后再执行后续程序。这样会增加走刀路线的距离，从而降低生产效率。因此，在不换刀的前提下执行退刀动作时，不需要返回到换刀点。安排走刀路线时，应尽量缩短前一刀终点与后一刀起点间的距离，方可满足走刀路线最短的要求。

③ 确定最短的切削进给路线。较短的切削进给路线可有效地提高生产效率、降低刀具的损耗。在安排粗加工或半精加工的切削进给路线时，应同时兼顾被加工零件的刚性和加工的工艺性要求。

如图1-6所示是几种不同切削进给路线的安排示意图。其中：图1-6（a）表示封闭轮廓复合车削循环的进给路线，图1-6（b）表示三角形进给路线，图1-6（c）表示矩形进给路线。

通过对以上三种切削进给路线分析和判断可知：矩形循环进给路线的走刀长度总和为最短，即在同等条件下，其切削所需的时间（不含空行程）最短，刀具的损耗小。另外，矩形循环加工的程序段格式较为简单，所以，在制定加工方案时，建议采用矩形走刀路线。

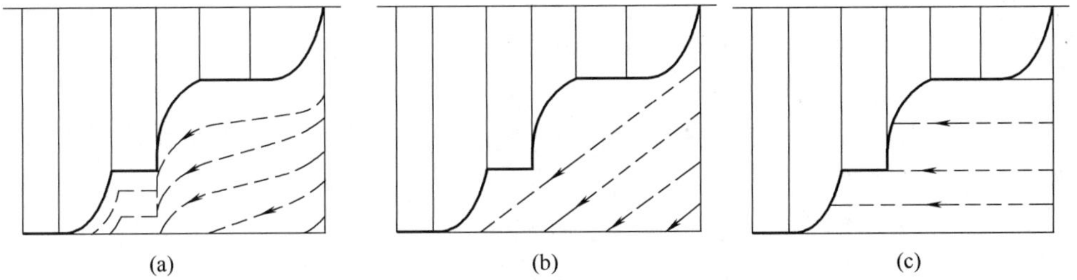

图1-6　走刀路线
（a）沿工件轮廓走刀　（b）三角形走刀　（c）矩形走刀

④ 零件轮廓精加工一次走刀完成。在安排可以一刀或多刀进行的精加工工序时，零件轮廓应由最后一刀连续加工而成。此时，加工刀具的进、退刀位置要考虑妥当，尽量不要在连续轮廓中安排切入、切出、换刀及停顿，以免因切削力的突然变化造成弹性变形，致使光滑连续的轮廓上产生表面划伤、形状突变或滞留刀痕等缺陷。

总之，在保证加工质量的前提下，使加工程序具有最短的进给路线，不仅可以节省整个加工过程的执行时间，还能减少不必要的刀具耗损及车床进给滑动部件的磨损等。

1.2.2　数控车削加工工序划分与设计

1.2.2.1　数控车削加工工序划分方法

数控车削加工工序划分常有以下几种方法。

① 按安装次数划分工序。以每一次装夹作为一道工序，这种划分方法主要适用于加工内容不多的零件。

② 按加工部位划分工序。按零件的结构特点分成几个加工部分，每个部分作为一道工序。

③ 按所用刀具划分工序。用同一把刀或同一类刀具加工完成零件所有需要加工的部位，以达到节省时间、提高效率的目的。

④ 按粗、精加工划分工序。加工易变形或精度要求较高的零件常用这种划分工序的方法。这种方法一般不允许一次装夹就完成加工，而是在粗加工时留出一定的加工余量，重新装夹后再完成精加工。

1.2.2.2 数控车削加工工序设计

数控车削加工工序划分后，要对每个加工工序进行设计。

（1）确定装夹方案

在数控车床上根据工件结构特点和工件加工要求，确定合理的装夹方式，选用相应的夹具。如轴类零件的定位方式通常是一端外圆固定，即用三爪自定心卡盘、四爪单动卡盘或弹簧套固定工件的外圆表面，但此定位方式对工件的悬伸长度有一定的限制。工件的悬伸长度过长，在切削过程中会产生较大的变形，严重时将无法切削。对于切削长度过长的工件可以采用一夹一顶或两顶尖装夹。

数控车床常用的装夹方法有以下几种。

① 三爪自定心卡盘装夹。三爪自定心卡盘（图 1-7）是数控车床最常用的卡具。它的特点是可以自定心，夹持工件时一般不需要找正，装夹速度较快，但其夹紧力较小，定心精度不高。三爪自定心卡盘适用于装夹中小型圆柱形、正三边或正六边形工件，不适合同轴度要求高的工件的二次装夹。

三爪自定心卡盘常见的有机械式和液压式两种。数控车床上经常采用液压卡盘，液压卡盘特别适合于批量生产。

② 四爪单动卡盘装夹。用四爪单动卡盘装夹时（图 1-8），夹紧力较大，装夹精度较高，不受卡爪磨损的影响，但夹持工件时需要找正。四爪单动卡盘适合装夹偏心距较小、形状不规则或大型的工件等。

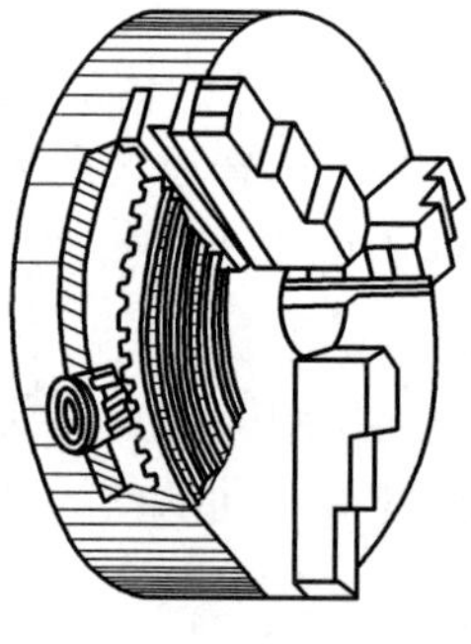

图 1-7 三爪自定心卡盘

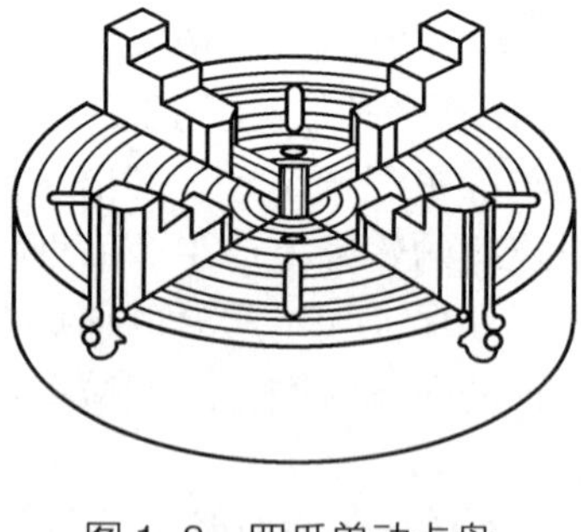

图 1-8 四爪单动卡盘

③ 软爪装夹。由于三爪自定心卡盘定心精度不高，当加工同轴度要求高的工件二次装夹时，常常使用软爪（图 1-9）。软爪是一种可以加工的卡爪，在使用前配合被加工工件定制。

④ 中心孔定位装夹。

a. 两顶尖拔盘。两顶尖只对工件起定心和支撑作用。工件安装时要用鸡心夹头或对分夹头夹紧工件的一端，必须通过鸡心夹头或对分夹头带动工件旋转。这种方式适合装夹轴类零件，利用两顶尖定位还可以加工偏心工件。

b. 拨动顶尖。拨动顶尖有内、外拨动顶尖和端面拨动顶尖两种。内、外拨动顶尖是通过带齿的锥面嵌入工件拨动工件旋转。端面拨动顶尖是利用端面的拨爪带动工件旋转，适合装夹直径在$\phi10\sim\phi50$mm 之间的工件。

用两端中心孔定位，容易保证定位精度，但由于顶尖细小，装夹不够牢靠，不宜用大的切削用量进行加工。

c. 一夹一顶。一端用三爪或四爪卡盘，通过卡爪夹紧工件并带动工件转动，另一端用尾顶尖支撑。这种方式定位精度较高，装夹牢靠。

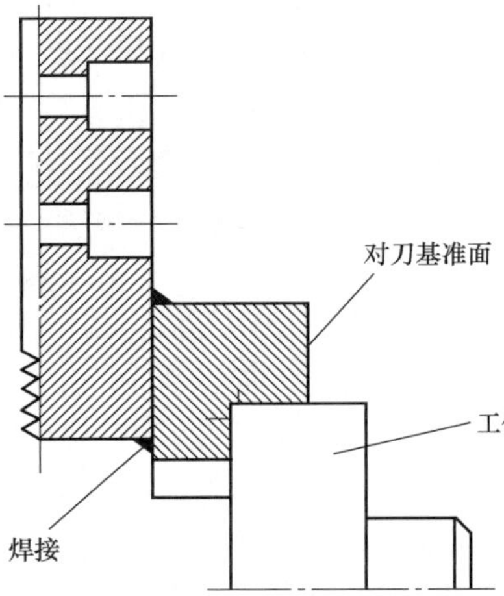

图 1-9　软爪装夹

⑤ 心轴与弹簧卡头装夹。以孔为定位基准，用心轴装夹来加工外表面；以外圆为定位基准，采用弹簧卡头装夹来加工内表面。用心轴或弹簧卡头装夹工件的定位精度高，装夹工件方便、快捷，适合装夹内外表面的位置精度要求较高的套类零件。

⑥ 利用其他工装夹具装夹。数控车削加工中有时会遇到一些形状复杂和不规则的零件，不能用三爪卡盘或四爪卡盘等夹具装夹，需要借助其他工装夹具装夹，如花盘、角铁等，批量生产时，还要采用专用夹具装夹。

(2) 选用刀具

刀具选择是数控加工工序设计中的重要内容之一。常用数控车刀的种类、形状和用途如图 1-10 所示。

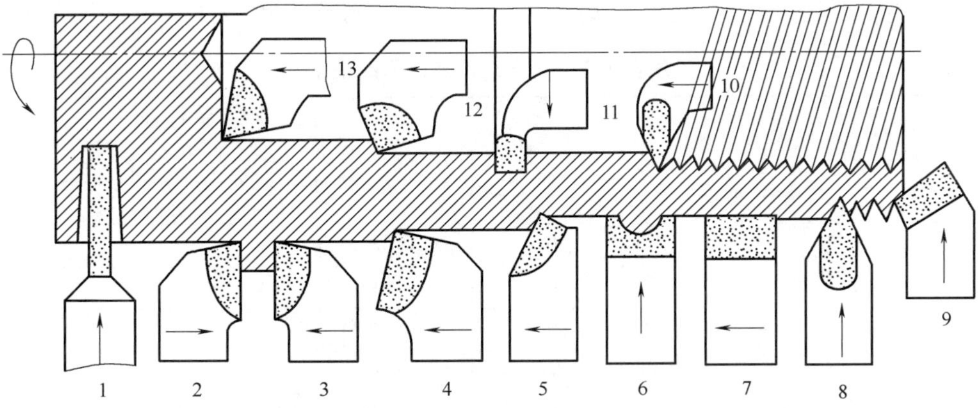

图 1-10　常用数控车刀的种类、形状和用途

1—切断刀　2—右偏刀　3—左偏刀　4—弯头车刀　5—直头车刀　6—成型车刀　7—宽刃精车刀
8—外螺纹车刀　9—端面车刀　10—内螺纹车刀　11—内切槽刀　12—通孔车刀　13—盲孔车刀

(3) 确定切削用量

① 选择切削用量的一般原则。

a. 粗车切削用量选择。粗车时一般以提高生产效率为主，兼顾经济性和加工成本。提高切削速度、加大进给量和背吃刀量都能提高生产效率，由于切削速度对刀具使用寿命影响最大，背吃刀量对刀具使用寿命影响最小，所以，在考虑粗车切削用量时，首先尽可能选择大的背吃刀量，其次选择大的进给速度，最后，在保证刀具使用寿命和车床功率允许的条件下选择一个合理的切削速度。

b. 精车、半精车切削用量选择。精车和半精车的切削用量选择要保证加工质量、兼顾生产效率和刀具使用寿命。精车和半精车的背吃刀量是由零件加工精度和表面粗糙度要求以及粗车后留下的加工余量决定的，一般情况下一刀切去余量。精车和半精车的背吃刀量较小，产生的切削力也较小，所以，在保证表面粗糙度的前提下应适当加大进给量。

② 背吃刀量 a_p 的确定。在车床主体、夹具、刀具和零件这一系统刚性允许的条件下，尽可能选取较大的背吃刀量，以减少走刀次数，提高生产效率。

粗加工时，在允许的条件下，尽量一次切除该工序的全部余量，背吃刀量一般为 2~5mm。半精加工时，背吃刀量一般为 0.5~1mm。精加工时，背吃刀量为 0.1~0.4mm。

③ 进给量 f 的确定。进给量是指工件每转一周，刀具沿进给方向移动的距离，它与背吃刀量有着密切的关系。粗车时一般取 f=0.3~0.8mm/r，精车时常取 f=0.1~0.3mm/r，切断时宜取 f=0.05~0.2mm/r。

进给速度是指在单位时间内，刀具沿进给方向移动的距离。进给速度可按下式计算：

$$v_f = f \cdot n$$

式中：v_f——进给速度，mm/min；

n——主轴转速，r/min；

f——进给量，mm/r。

粗加工时，进给量根据工件材料、车刀刀杆直径、工件直径和背吃刀量按表 1-1 进行选取。从表中可以看出：在背吃刀量一定时，进给量随着刀杆尺寸和工件尺寸的增大而增大；加工铸铁时，切削力比加工钢件时小，可以选取较大的进给量。

表 1-1　硬质合金车刀粗车外圆及端面的进给量

工件材料	车刀刀杆尺寸 $B\times H$/(mm×mm)	工件直径 d/mm	背吃刀量 a_p/mm			
			≤3	>3~5	>5~8	>8~12
			进给量 f/(mm/r)			
碳素钢 合金钢	16×25	20	0.3~0.4	—	—	—
		40	0.4~0.5	0.3~0.4	—	—
		60	0.5~0.7	0.4~0.6	0.3~0.5	—
		100	0.6~0.9	0.5~0.7	0.5~0.6	0.4~0.5
		400	0.8~1.2	0.7~1.0	0.6~0.8	0.5~0.6
	20×30 25×25	20	0.3~0.4	—	—	—
		40	0.4~0.5	0.3~0.4	—	—
		60	0.5~0.7	0.5~0.7	0.4~0.6	—
		100	0.8~1.0	0.7~0.9	0.5~0.7	0.4~0.7
		400	1.2~1.4	1.0~1.2	0.8~1.0	0.6~0.9

续表

工件材料	车刀刀杆尺寸 $B \times H$/(mm×mm)	工件直径 d/mm	背吃刀量 a_p/mm ≤3	>3~5	>5~8	>8~12
			进给量 f/(mm/r)			
铸铁及铜合金	16×25	40	0.4~0.5	—	—	—
		60	0.5~0.8	0.5~0.8	0.4~0.6	—
		100	0.8~1.2	0.7~1.0	0.6~0.8	0.5~0.7
		400	1.0~1.4	1.0~1.2	0.8~1.0	0.6~0.8
	20×30 25×25	40	0.4~0.5	—	—	—
		60	0.5~0.9	0.5~0.8	0.4~0.7	—
		100	0.9~1.3	0.8~1.2	0.7~1.0	0.5~0.8
		400	1.2~1.8	1.2~1.6	1.0~1.3	0.9~1.1

精加工与半精加工时，进给量可根据加工表面粗糙度要求按表 1-2 选取，同时考虑切削速度和刀尖圆弧半径因素。

表 1-2　按表面粗糙度选择进给量的参考值

工件材料	表面粗糙度 Ra/μm	切削速度 v_c/(m/min)	刀尖圆弧半径 r_ε/mm 0.5	1.0	2.0
			进给量 f/(mm/r)		
碳钢 硬质合金	>1.25~2.50	<50	0.10	0.11~0.10	0.10~0.22
		50~100	0.11~0.16	0.16~0.25	0.25~0.35
		>100	0.16~0.20	0.20~0.25	0.25~0.35
	>2.5~5	<50	0.18~0.25	0.25~0.30	0.30~0.40
		>50	0.25~0.30	0.30~0.35	0.30~0.50
	>5~10	<50	0.30~0.50	0.45~0.60	0.55~0.70
		>50	0.40~0.55	0.55~0.65	0.65~0.70
铸铁 青铜 铝合金	>5~10	不限	0.25~0.40	0.40~0.50	0.50~0.60
	>2.50~5		0.10~0.25	0.25~0.40	0.40~0.60
	>1.25~2.50		0.10~0.15	0.10~0.20	0.20~0.35

④ 主轴转速的确定。

a. 光车时主轴转速。光车时，主轴转速的确定应根据零件上被加工部位的直径，并按零件和刀具的材料及加工性质等条件所允许的切削速度来确定。在实际生产中，主轴转速的计算公式为：

$$n = 1000v_c / \pi d$$

式中：n——主轴转速，r/min；

v_c——切削速度，m/min；

d——零件待加工表面的直径，mm。

在确定主轴转速时，首先需要确定其切削速度，而切削速度又与背吃刀量和进给量有关。切削速度确定方法有计算、查表和根据经验确定三种。切削速度参考值如表 1-3 所示。

表 1-3　　切削速度参考表

零件材料	刀具材料	背吃刀量 a_p/mm			
		0.13~0.38	0.38~2.40	2.40~4.70	4.70~9.50
		进给量 f/(mm/r)			
		0.05~0.13	0.13~0.38	0.38~0.76	0.76~1.30
		切削速度 v_c/(m/min)			
低碳钢	高速钢	90~120	70~90	45~60	20~40
	硬质合金	215~365	165~215	120~165	90~120
中碳钢	高速钢	70~90	45~60	30~40	15~20
	硬质合金	130~165	100~130	75~100	55~75
灰铸铁	高速钢	50~70	35~45	25~35	20~25
	硬质合金	135~185	105~135	75~105	60~75
黄铜 青铜	高速钢	105~120	85~105	70~85	45~70
	硬质合金	215~245	185~215	150~185	120~150
铝合金	高速钢	105~150	70~105	45~70	30~45
	硬质合金	215~300	135~215	90~135	60~90

b. 车螺纹时主轴转速。车削螺纹时，车床的主轴转速将受到螺纹的螺距（或导程）大小、驱动电机的升降频特性及螺纹插补运算速度等多种因素的影响，故对于不同的数控系统，推荐不同的主轴转速选择范围。如大多数经济型车床数控系统推荐车螺纹的主轴转速计算公式为：

$$n \leqslant \frac{1200}{P} - k$$

式中：n——主轴转速，r/min；

P——工件螺纹的导程，mm，英制螺纹为相应换算后的毫米值；

k——保险系数，一般取 80。

1.2.3 数控车削加工工艺文件

数控加工工艺文件不仅是进行数控加工和产品验收的依据，也是操作者遵守和执行的规程，同时还为产品零件重复生产积累了必要的工艺资料，进行技术储备。这些由工艺人员制订的工艺文件是编程人员在编制数控加工程序时所依据的技术文件。编制数控加工工艺文件是数控加工工艺设计的重要内容之一。

一般来说，数控车床所需工艺文件应包括编程任务书、数控加工工序卡片、数控车床调整卡、数控加工刀具卡、数控加工进给路线图和数控加工程序单等。

其中，以数控加工工序卡片和数控加工刀具卡最为重要。这些卡片暂无国家标准，前者是说明数控加工顺序和加工要素的文件，后者是刀具使用的依据。

如表 1-4、表 1-5 所示是两种卡片的参考格式。

表 1-4　　数控加工工序卡片

<table>
<tr><td rowspan="2">单位</td><td colspan="4" rowspan="2">数控加工工序卡片</td><td colspan="3">产品名称及代号</td><td>零件名称</td><td colspan="2">零件图号</td></tr>
<tr><td colspan="3"></td><td></td><td colspan="2"></td></tr>
<tr><td colspan="5" rowspan="6">工序简图</td><td colspan="3">车间</td><td colspan="3">使用设备</td></tr>
<tr><td colspan="3"></td><td colspan="3"></td></tr>
<tr><td colspan="3">工艺序号</td><td colspan="3">程序编号</td></tr>
<tr><td colspan="3"></td><td colspan="3"></td></tr>
<tr><td colspan="3">夹具名称</td><td colspan="3">夹具编号</td></tr>
<tr><td colspan="3"></td><td colspan="3"></td></tr>
<tr><td>工步号</td><td colspan="4">工步作业内容</td><td>刀具号</td><td>刀补量</td><td>主轴转速</td><td>进给速度</td><td>背吃刀量</td><td>备注</td></tr>
<tr><td></td><td colspan="4"></td><td></td><td></td><td></td><td></td><td></td><td></td></tr>
<tr><td></td><td colspan="4"></td><td></td><td></td><td></td><td></td><td></td><td></td></tr>
<tr><td></td><td colspan="4"></td><td></td><td></td><td></td><td></td><td></td><td></td></tr>
<tr><td></td><td colspan="4"></td><td></td><td></td><td></td><td></td><td></td><td></td></tr>
<tr><td>编制</td><td></td><td>审核</td><td></td><td>批准</td><td></td><td colspan="2">年　月　日</td><td colspan="2">共　页</td><td>第　页</td></tr>
</table>

表 1-5　　数控加工刀具卡片

<table>
<tr><td colspan="2">零件图号</td><td></td><td colspan="3" rowspan="2">数控加工刀具卡片</td><td colspan="2">使用设备</td></tr>
<tr><td colspan="2">刀具名称</td><td></td><td colspan="2"></td></tr>
<tr><td colspan="2">刀具编号</td><td></td><td>换刀方式</td><td></td><td>程序编号</td><td colspan="2"></td></tr>
<tr><td rowspan="4">刀具组成</td><td>序号</td><td colspan="2">编号</td><td>刀具名称</td><td>规格</td><td>数量</td><td>备注</td></tr>
<tr><td>1</td><td colspan="2"></td><td></td><td></td><td></td><td></td></tr>
<tr><td>2</td><td colspan="2"></td><td></td><td></td><td></td><td></td></tr>
<tr><td>3</td><td colspan="2"></td><td></td><td></td><td></td><td></td></tr>
<tr><td colspan="2">备注</td><td colspan="6"></td></tr>
<tr><td colspan="2">编制</td><td></td><td>审校</td><td>批准</td><td></td><td>共　页</td><td>第　页</td></tr>
</table>

1.3　数控车床的坐标系

1.3.1　数控车床坐标系的确定

数控加工是建立在工件轮廓点坐标计算的基础上的。准确把握数控车床坐标轴的定义和运动方向的规定，掌握根据不同坐标原点建立不同坐标系的方法，是正确计算工件轮廓点坐标的关键，同时也便于程序编制和车床操作。

1.3.1.1 数控车床坐标系

在数控车床上加工零件，车床的动作是由数控系统发出的指令来控制的。为了确定数控车床的运动方向和移动距离，需要在车床上建立一个坐标系，这就是数控车床坐标系。

1.3.1.2 数控车床坐标系的建立

数控车床的坐标系统采用右手笛卡尔直角坐标系。

(1) Z 轴及其正向

Z 轴定义为平行于车床主轴的坐标轴，数控车床 Z 坐标的正向为刀具离开工件的方向。

(2) X 轴及其正向

对于数控车床，X 轴的方向在工件的径向并平行于横滑板，以刀具远离工件的方向为其正向。

常见数控车床坐标系如图 1-11 和图 1-12 所示。

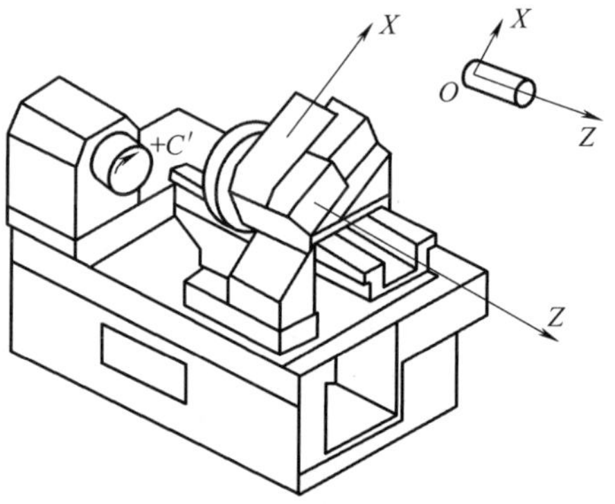

图 1-11 斜床身后置刀架数控车床坐标系

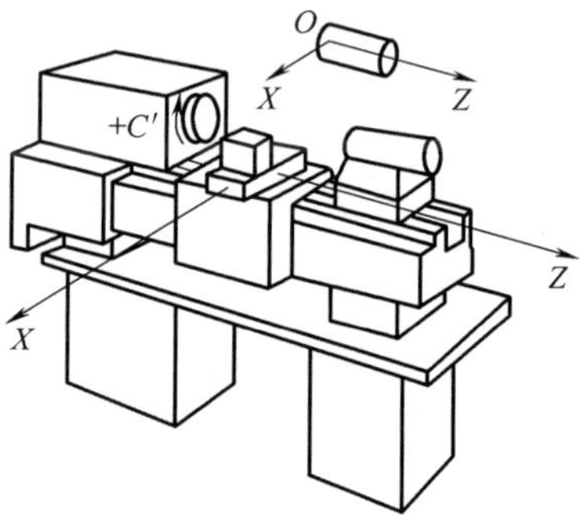

图 1-12 水平床身前置刀架数控车床坐标系

说明：① 后置刀架。刀架布局在操作者和主轴外侧位置，称为后置刀架。

② 前置刀架。刀架布局在操作者和主轴之间位置，称为前置刀架。

1.3.2 车床原点和参考点

1.3.2.1 车床原点

车床原点（也称车床零点）是在车床上设置好的一个固定点，即车床坐标系的原点。车床原点在车床装配、调试时就已设置好，一般不允许用户进行更改。数控车床的原点为主轴轴线与卡盘端面的交点（图 1-13），它是车床参考点及工件坐标系的基准点。

1.3.2.2 车床参考点

车床参考点是车床上一个特殊位置的点，与车床原点的相对位置是固定的，如图 1-13 所示，在车床出厂之前由车床制造商精密测量确定。对于大多数数控车床来说，开机第一步总是进行返回车床参考点的操作。开机返回参考点的目的就是建立车床坐标系，并确定车床坐标系的原点。

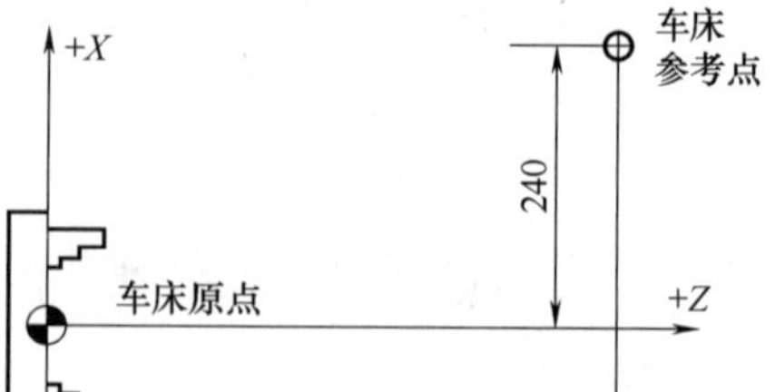

图 1-13 数控车床坐标系原点与参考点

车床坐标系一经建立，在车床不断电的前提下将保持不变，并且不能通过编程对其进行修改。

1.3.3　工件坐标系与工件原点

1.3.3.1　工件坐标系

工件坐标系（也称编程坐标系）是以工件设计尺寸为依据建立的坐标系。工件坐标系的原点可由编程人员根据具体情况设置，其坐标轴的方向与车床坐标系一致。建立工件坐标系的目的主要是为了便于编程。

1.3.3.2　工件原点

工件原点也称为编程原点或程序零点，可由编程人员根据具体情况设置，一般是在工件装夹完毕后通过对刀来确定。

从理论上讲，工件原点设在任何位置都可以，但在实际加工过程中，为了使工件的设计基准与工艺基准统一，即为了使各尺寸直观，应尽可能把工件原点选得合理些。如图 1-14 所示，工件原点可选在主轴回转中心与工件右端面的交点 O' 上，也可选在主轴回转中心与工件左端面的交点 O 上。当工件原点确定后，工件坐标系也随之确定下来。FANUC 系统数控车床工件原点一般用 G50 或 G54～G59 设置。

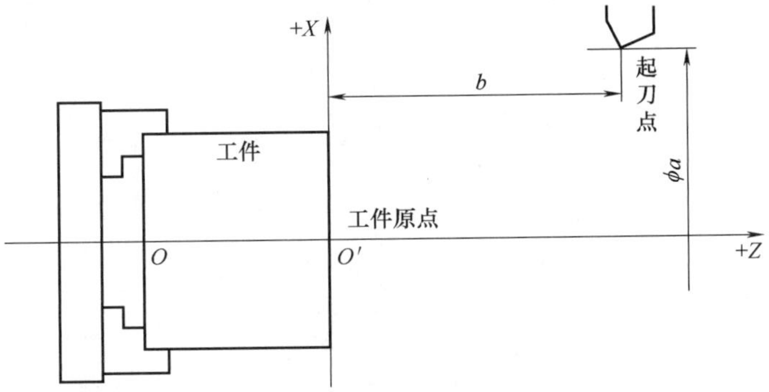

图 1-14　工件坐标系与工件原点

1.4　数控车床基本编程指令

1.4.1　准备功能 G 指令

FANUC 0i 数控车削系统常用 G 指令如表 1-6 所示。

1.4.2　进给功能 F 指令

进给功能 F 指令用来指定刀具相对于工件的合成进给速度，其单位有每分钟进给量

表 1-6　　FANUC 0i 数控车削系统指令表

G 代码	组	功能	G 代码	组	功能
* G00	01	快速定位	* G54	14	选择工件坐标系 1
G01		直线插补	G55		选择工件坐标系 2
G02		顺时针圆弧插补	G56		选择工件坐标系 3
G03		逆时针圆弧插补	G57		选择工件坐标系 4
G04	00	暂停	G58		选择工件坐标系 5
G10		可编程数据输入	G59		选择工件坐标系 6
* G11		可编程数据输入方式取消	G65	00	宏程序调用
G12. 1	21	极坐标插补方式	G66	12	宏程序模态调用
* G13. 1		极坐标插补方式取消	* G67		宏程序模态调用取消
G20	06	英寸输入	G70	00	精加工复合循环
* G21		毫米输入	G71		粗车外圆复合循环
G27	00	返回参考点检测	G72		粗车端面复合循环
G28		自动返回第一参考点	G73		固定形状粗加工复合循环
G29		从参考点返回	G74		端面深孔复合钻削
G30		返回第二、三、四参考点	G75		端面切槽复合循环
G31		跳转功能	G76		螺纹切削复合循环
G32	01	螺纹切削	G90	01	外径/内径车削简单循环
G34		变螺距螺纹切削	G92		螺纹简单循环
* G40	07	刀尖半径补偿取消	G94		端面简单循环
G41		刀尖半径左补偿	G96	02	恒线速切削
G42		刀尖半径右补偿	* G97		恒线速切削取消
G50	00	工件坐标系预制	G98	05	每分钟进给量
G52		局部坐标系设定	* G99		每转进给量
G53		车床坐标系选择			

注：① 表中带 * 的是上电时或复位时各模态 G 代码所处的状态(可以通过参数设置进行修改)；

② 不同组的 G 代码在同一个程序段中可以指令多个，如果在同一个程序段中指令了多个同组的 G 代码，仅执行最后的 G 代码；

③ 除 G10、G11 以外的 00 组 G 代码都是非模态 G 代码。

(mm/min) 和每转进给量 (mm/r) 两种情况，由准备功能指令 G98、G99 来设定。

注：在实际操作过程中，可以通过操作车床操作面板上的进给速度倍率开关对进给速度值进行实时修正。

1.4.3 刀具功能 T 指令

T 功能指令用于选择加工所用刀具。

指令格式：T××××；

T 后面通常有四位数字，表示所选择的刀具号码。其中，前两位数字是刀具号，后两位数字是刀具补偿号。刀具补偿号是刀具偏置补偿寄存器的地址号，该寄存器存放刀具的长度补偿值和刀尖圆弧半径补偿值。系统对刀具的补偿或取消都是通过拖板的移动来实现的。

【例 1-1】 T0303；表示选择 3 号刀具和 3 号刀补地址。T0300；表示取消刀具补偿。

还有一种格式是 T××，T 后面有两位数字，第一位数字是刀具号，第二位数字是刀具长度补偿号和刀尖圆弧半径补偿号。

【例 1-2】 T33；表示选择 3 号刀具和 3 号刀补地址。

项目 2　圆锥销的数控加工

2.1　任务描述

加工如图 2-1 所示的圆锥销零件，毛坯为ϕ32mm×90mm 的棒料（ϕ32 外圆已加工），材料为 45 号钢，分析零件图，编制零件的数控加工程序。

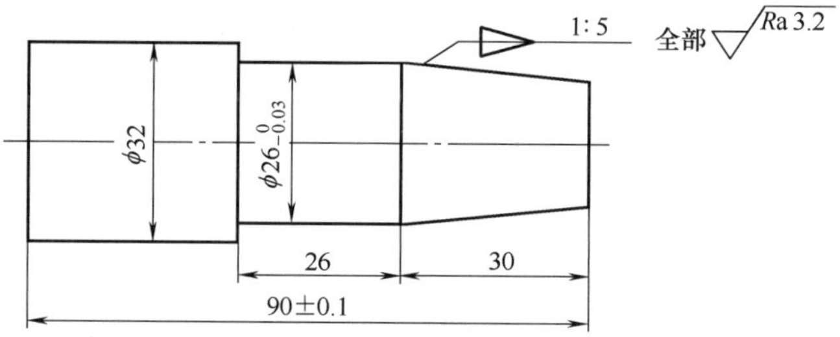

图 2-1　圆锥销零件图

2.2　知识链接

2.2.1　外圆与端面加工工艺知识

2.2.1.1　刀具的选择

（1）外圆车刀

外圆车刀主要用于外圆加工，常用的有 75°外圆车刀、90°外圆车刀、93°（或 95°）外圆车刀等，如图 2-2 所示。

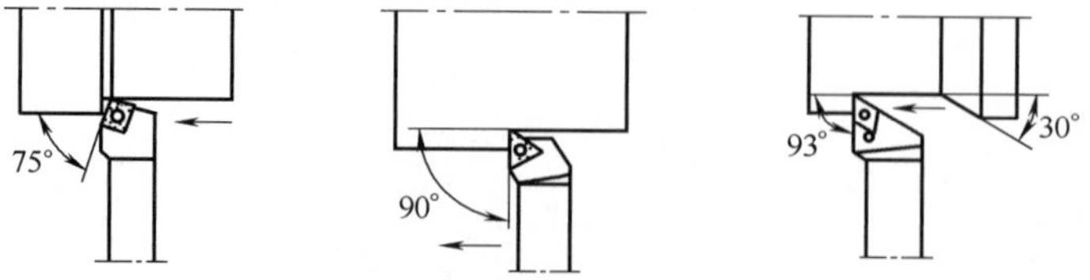

(a)　(b)　(c)

图 2-2　外圆车刀

（a）75°外圆车刀　（b）90°外圆车刀　（c）93°外圆车刀

（2）端面车刀

端面车刀主要用于加工工件端面和台阶面，主要有 90°偏头端面车刀和 45°偏头端面车刀等，如图 2-3 所示。

2.2.1.2　数控车削加工余量的确定

确定加工余量的方法主要有计算法和查表法两种，通常采用查表法。表 2-1 和表 2-2 分别给出了轧制圆棒料毛坯和模锻毛坯状态下轴类（外旋转面）零件的机械加工余量。

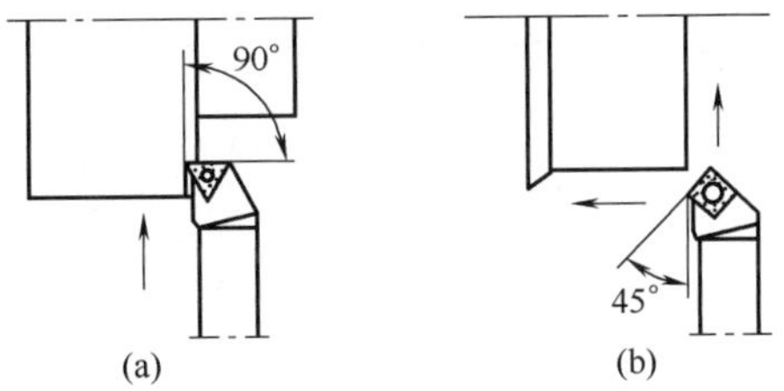

图 2-3　端面车刀

（a）90°偏头端面车刀　（b）45°偏头端面车刀

表 2-1　　普通精度轧制用于轴类（外旋转面）零件的数控车削加工余量

直径/mm	表面加工方法	直径余量(按轴长取)/mm							
		≤120		>120~260		>260~500		>500~800	
≤30	粗车和一次车	1.10	1.30	1.7	1.70	—		—	
	半精车	0.45	0.45	0.50	0.50	—		—	
	精车	0.20	0.25	0.25	0.25	—		—	
	精细车	0.12	0.13	0.15	0.15	—		—	
>30~50	粗车和一次车	1.10	1.30	1.40	1.60	2.20	2.20	—	
	半精车	0.45	0.45	0.45	0.45	0.50	0.50	—	
	精车	0.20	0.25	0.25	0.25	0.30	0.30	—	
	精细车	0.12	0.13	0.13	0.14	0.20	0.20	—	
>50~80	粗车和一次车	1.10	1.50	1.50	1.70	2.20	2.30	2.30	2.60
	半精车	0.45	0.45	0.45	0.50	0.50	0.50	0.50	0.50
	精车	0.2	0.25	0.25	0.25	0.25	0.30	0.17	0.30
	精细车	0.12	0.13	0.13	0.15	0.14	0.20	0.18	0.18

注:① 直径小于 30mm 的毛坯规定校直,不校直时必须增加直径,以达到能够补偿弯曲所需的数值;
② 阶梯轴按最大阶梯直径选取毛坯;
③ 表中每格前列数值是用中心孔安装时的车削余量,后列数值是用卡盘安装时的车削余量。

表 2-2　　模锻毛坯用于轴类（外旋转面）零件的数控车削加工余量

直径/mm	表面加工方法	直径余量(按轴长取)/mm							
		≤120		>120~260		>260~500		>500~800	
≤18	粗车和一次精车	1.4	1.5	1.9	1.9	—		—	
	精车	0.25	0.25	0.3	0.3	—		—	
	精细车	0.14	0.14	0.15	0.15	—		—	
>18~30	粗车和一次车	1.5	1.6	1.9	2.0	2.3	2.3	—	
	精车	0.25	0.25	0.25	0.3	0.3	0.3	—	
	精细车	0.14	0.14	0.14	0.15	0.2	0.2	—	
>30~50	粗车和一次车	1.7	1.8	2.0	2.3	2.7	30.	3.5	3.5
	精车	0.25	0.3	0.3	0.3	0.3	0.3	0.35	0.35
	精细车	0.15	0.15	0.15	0.2	0.17	0.19	0.21	0.21

续表

直径/mm	表面加工方法	直径余量(按轴长取)/mm							
		≤120		>120~260		>260~500		>500~800	
>50~80	粗车和一次车 精车 精细车	2.0 0.3 0.2	2.2 0.3 0.2	2.6 0.3 0.17	2.9 0.3 0.18	2.9 0.3 0.18	3.4 0.35 0.2	3.6 0.35 0.2	4.2 0.4 0.22

注:① 直径小于30mm的毛坯规定校直,不校直时必须增加直径,以达到能够补偿弯曲所需的数值;
② 阶梯轴按最大阶梯直径选取毛坯;
③ 表中每格前列数值是用中心孔安装时的车削余量,后列数值是用卡盘安装时的车削余量。

2.2.2 编程指令

2.2.2.1 编程方式

数控车床的工件外形通常是旋转体,其 X 轴尺寸可以用直径编程方式和半径编程方式加以指定。当地址 X 后所跟的坐标值是直径时,称为直径编程;当地址 X 后所跟的坐标值是半径时,称为半径编程。采用直径编程方式可使设计、标注一致,减少换算,给编程带来很大方便。编程方式可由参数设定,一般车床编程默认为直径编程方式。

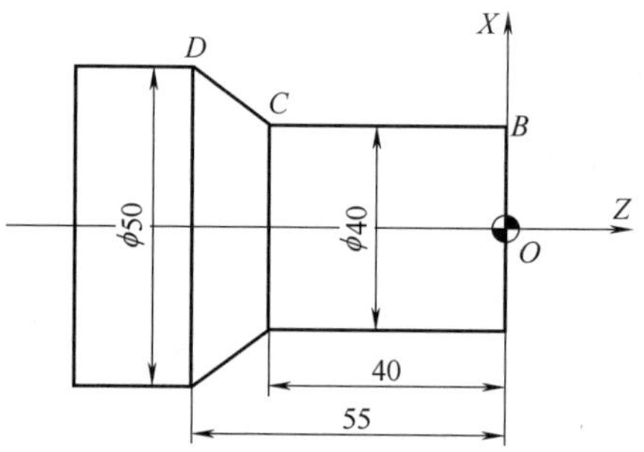

图 2-4 编程方式

【例 2-1】 分别用直径编程方式和半径编程方式写出图 2-4 中 B、C、D 点坐标。

图 2-4 中 B、C、D 点坐标如表 2-3 所示。

表 2-3 **B、C、D 点坐标**

编程方式	B 点坐标	C 点坐标	D 点坐标
直径编程方式	X40,Z0	X40,Z-40	X50,Z-55
半径编程方式	X20,Z0	X20,Z-40	X25,Z-55

2.2.2.2 绝对坐标编程、增量坐标编程与混合编程

绝对坐标编程:在数控车床中用 X、Z 表示绝对坐标。

增量坐标编程:在数控车床中用 U、W 表示绝对坐标。

混合编程:允许同一程序段中混合使用绝对编程和增量编程。

【例 2-2】 如图 2-4 所示,分别使用绝对坐标编程、增量坐标编程与混合编程控制刀具 $B \to C \to D$。

参考程序如表 2-4 所示。

表 2-4 **绝对坐标编程、增量坐标编程与混合编程**

路径	绝对坐标编程	增量坐标编程	混合编程
$B \to C$	G01 X40 Z-40	G01 U0 W-40	G01 X40 W-40 或 G01 U0 Z-40
$C \to D$	G01 X50 Z-55	G01 U10 W-15	G01 X50 W-15 或 G01 U10 Z-55

2. 2. 2. 3　坐标系的指令

（1）工件坐标系设定指令（G50）

指令格式为：G50 X __ Z __；

式中：X、Z——当前刀位点在新建工件坐标系中的初始位置。

【例 2-3】 如图 2-5 所示，坐标系设定指令为：G50 X100 Z120。

其确立的加工原点在距离刀具起始点 $X=-100$，$Z=-120$ 的位置上。使用时必须预先将刀具放置在工件坐标系下 X100 Z120 的位置，才能建立正确的坐标系。即执行 G50 时，车床不产生任何运动，只是记忆距离刀具当前位置 $X=-100$，$Z=-120$ 的那个点作为工件坐标系原点。

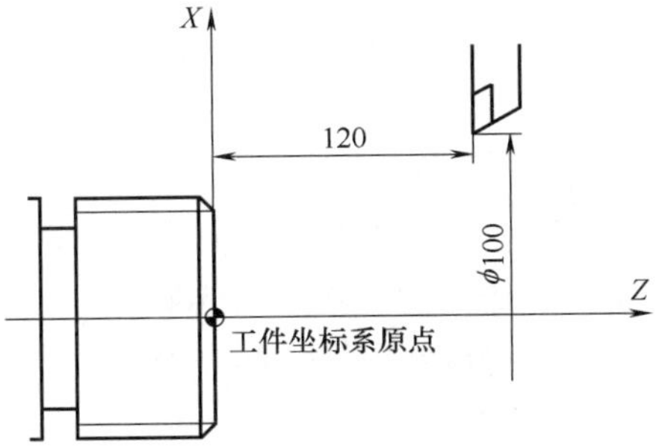

图 2-5　G50 设定工件坐标系

（2）工件坐标系选择指令（G54～G59）

指令格式：G54～G59 G00（G01）X __ Z __（F __）；

式中：G54～G59——工件坐标系选择指令，可任选其一。

（3）T 指令建立工件坐标系

编程时，常设定刀架上各刀在工作位时，其刀尖位置是一致的。但由于刀具的几何形状及安装方法的不同，它们的刀尖位置是不一致的，各刀具相对于工件原点的距离也是不同的。因此需要将各刀具的位置值进行比较或设定，称为刀具偏置补偿。T 指令建立工件坐标系的实质是将车床位于参考点时，相应刀具的刀位点与工件坐标系原点之间的距离输入相应的补偿地址中。

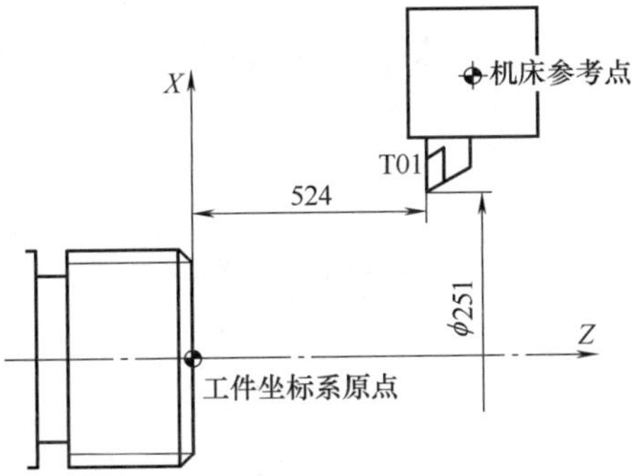

图 2-6　T 指令建立工件坐标系

【例 2-4】 如图 2-6 所示为当车床位于参考点时，1 号刀刀位点与工件坐标系原点之间的距离。

参考程序：T0101；选用 1 号刀和 1 号刀补地址。1 号刀补中输入的数据如表 2-5 所示。

表 2-5　**几何补偿值**

刀补号	*X* 向几何补偿	*Z* 向几何补偿
01	-251	-524

2. 2. 2. 4　速度控制指令

（1）最高转速限制（G50）

指令格式：G50 S __；

式中：S——主轴最高转速，r/min。

【例 2-5】 G50 S4000；表示最高转速限制为 4000r/min。

（2）恒线速控制（G96）

指令格式：G96 S __；

式中：S——恒定的线速度，m/min。

【例 2-6】 G96 S120；表示切削点线速度控制在 120m/min。

对于图 2-4 中的零件，为保持 C、D 两点的线速度在 120m/min，则各点在加工时的主轴转速分别为：

C 点：$n=1000\times120\div(\pi\times40)\approx955$（r/min）

D 点：$n=1000\times120\div(\pi\times50)\approx764$（r/min）

（3）恒线速取消（G97）

指令格式：G97 S __；

式中：S——恒线速控制取消后的主轴转速，r/min。

2.2.2.5 进给速度单位设定指令

（1）每分钟进给模式（G98）

指令格式：G98 F __；

功能：该指令指定进给速度单位为每分钟进给量（mm/min），G98 为模态指令。

（2）每转进给模式（G99）

指令格式：G99 F __；

功能：该指令指定进给速度单位为每转进给量（mm/r），G99 为模态指令。

【例 2-7】 G98 G01 X10 F100；表示进给速度为 100mm/min。

G99 G01 X10 F0.1；表示进给速度为 0.1mm/r。

2.2.2.6 倒角及倒圆角功能（G01）

G01 倒角控制功能可以在两相邻轨迹的程序段之间插入直线倒角或圆弧倒角，如图 2-7 所示。

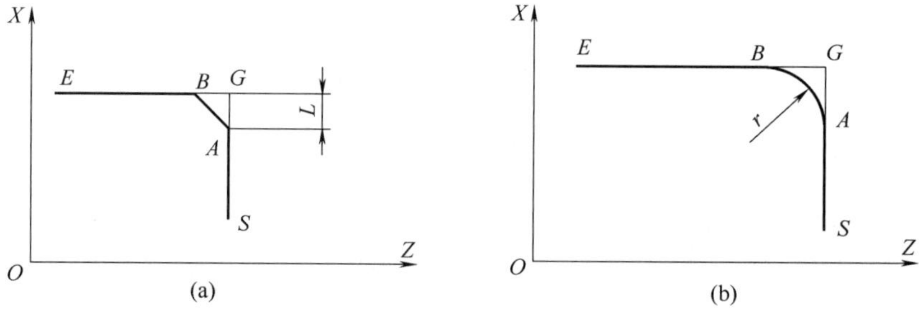

图 2-7 G01 倒角及倒圆角功能

（a）直线倒角 （b）圆弧倒角

（1）倒角功能

指令格式：G01 X(U) __ Z(W) __ C __ F __；

式中：X(U)、Z(W)——倒角相邻两直线交点（假想拐点 G 点）坐标。其中：X、Z 为 G 点在工件坐标系中坐标，即绝对坐标；U、W 为 G 点相对于直线起点的位移量，即增量坐标；

C——为倒角的直角边的边长（L）；

F——合成进给速度。

（2）倒圆角功能

指令格式：G01 X(U) __ Z(W) __ R __ F __；

式中：X(U)、Z(W)——倒圆角相邻两直线交点（假想拐点 *G* 点）坐标。其中：X、Z 为 *G* 点在工件坐标系中的坐标，即绝对坐标；U、W 为 *G* 点相对于直线起点的位移量，即增量坐标；

R——为倒圆角的半径（*r*）；

F——合成进给速度。

说明：倒角及倒圆角指令中的 *C* 值和 *R* 值有正、负之分。当倒角及倒圆角的方向指向另一坐标轴的正方向时，*C* 值和 *R* 值为正；否则为负。

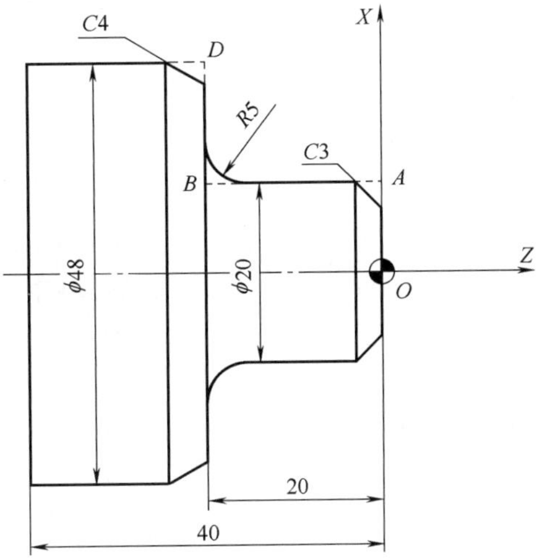

图 2-8　倒角及倒圆角实例

【例 2-8】　编写如图 2-8 所示零件的精加工程序。

参考程序：

O2010
N10 T0101；
…
N100 G01 X0 Z0 F0.1；
N110 G01 X20 Z0 C-3；　　车端面，并倒 *C*3 角
N120 G01 X20 Z-20 R5；　　车ϕ20 外圆，并倒 *R*5 圆角
N130 G01 X48 Z-20 C-4；　　车台阶端面，并倒 *C*4 角
N140 G01 X48 Z-40；　　车ϕ48 外圆
…
N200 M30；

2.2.2.7　内、外圆车削简单循环指令（G90）

G90 是内、外圆车削简单循环指令，主要用于圆柱面和圆锥面的切削循环。其刀具轨迹如图 2-9 所示，刀具从循环起点开始循环，最后又回到循环起点，R 表示快进，F 表示工进速度。

指令格式：G90 X(U) __ Z(W) __ R __ F __；

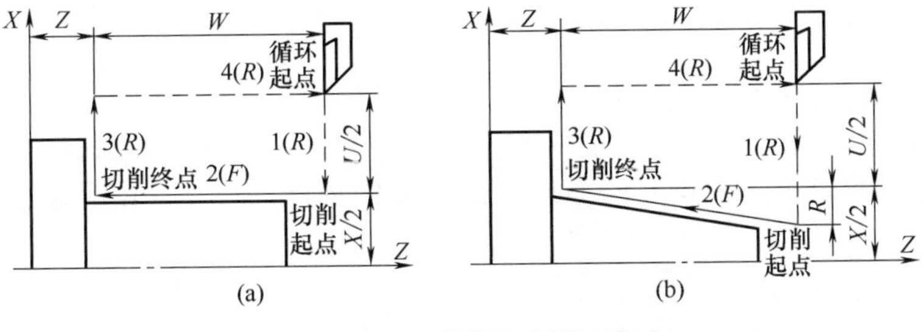

图 2-9　内、外圆车削循环指令

（a）切削圆柱面　（b）切削圆锥面

式中：X、Z——绝对编程，圆柱（锥）面切削终点的坐标值；

U、W——增量编程，圆柱（锥）面切削终点相对循环起点的坐标值；

R——为圆锥面切削起点与圆锥面切削终点的半径差。编程时，应注意 R 的符号，锥面切削起点坐标大于切削终点坐标时 R 为正；反之为负。当 R=0 时用于圆柱面车削。

【例 2-9】 加工如图 2-10 所示的零件。

参考程序：

```
O2020
N10 T0101;
…
N100 G90 X20 Z20 F0.2;  P→A→B→E→P
N110 X15 F0.1;          P→C→D→E→P
…
N150 M30;
```

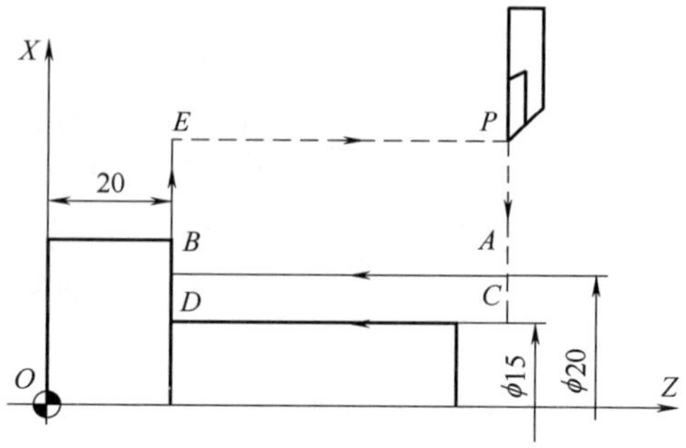

图 2-10 G90 编程实例 1

【例 2-10】 加工如图 2-11 所示的零件。

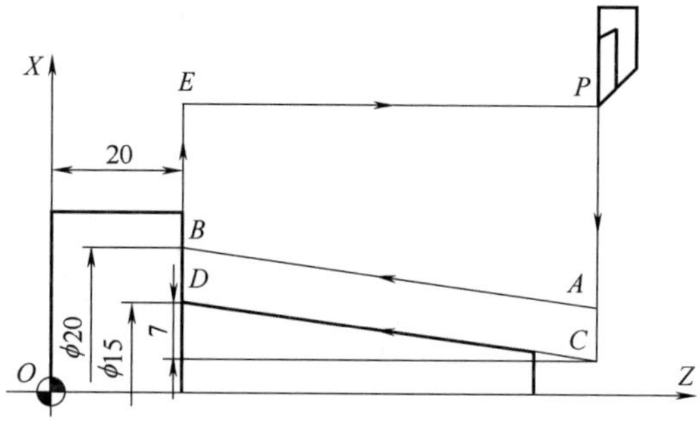

图 2-11 G90 编程实例 2

参考程序：

```
O2030
N10 T0101;
…
N100 G90 X20 Z20 R-7 F0.2;      P→A→B→E→P
N110 X15 F0.1;                  P→C→D→E→P
…
N150 M30;
```

2.2.2.8 端面简单循环指令（G94）

G94 是端面简单循环指令，主要用于盘套类零件的平面切削循环。其刀具轨迹如图 2-12 所示，刀具从循环起点开始循环，最后又回到循环起点，R 表示快进，F 表示工进速度。

指令格式：G94 X(U) __ Z(W) __ R __ F __;

式中：X、Z——绝对编程，端面切削终点的坐标值；

U、W——增量编程，端面切削终点相对循环起点的坐标值；

R——端面切削起点至端面切削终点在 Z 轴方向的坐标增量。编程时，应注意 R 的符号，锥面切削起点坐标大于切削终点坐标时 R 为正；反之为负。当 R=0 时为垂直端面车削。

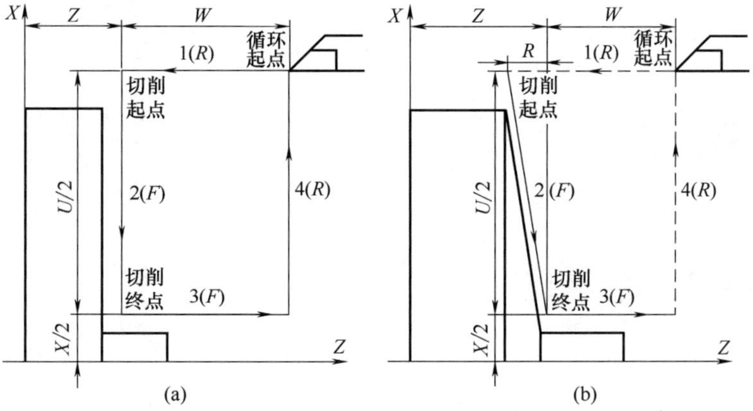

图 2-12　G94 刀具轨迹

（a）垂直端面车削　（b）斜端面车削

【例 2-11】　加工如图 2-13 所示的零件。

参考程序：

O2040

N10 T0101;

…

N100 G94 X10 Z30 F0.2;　　　　$P \to A \to B \to E \to P$

N110 Z25 F0.1;　　　　$P \to D \to C \to E \to P$

…

N150 M30;

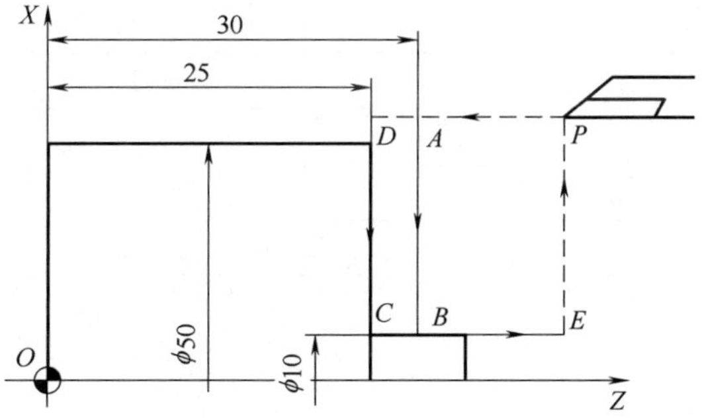

图 2-13　G94 编程实例 1

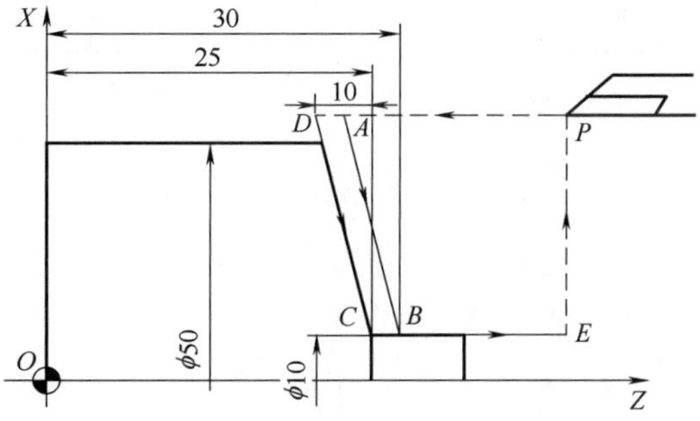

图 2-14　G94 编程实例 2

【例 2-12】　加工如图 2-14 所示的零件。

参考程序：

O2050

N10 T0101;

```
…
N100 G94 X10 Z30 R-10 F0.2;        P→A→B→E→P
N110 Z25;                          P→D→C→E→P
…
N150 M30;
```

2.3 任务实施

2.3.1 加工工艺的确定

2.3.1.1 分析零件图样

该零件为一轴类零件，主要加工面包括圆柱面、圆锥面、端面等。其中ϕ26 外圆柱面尺寸精度为 8 级，所有表面的粗糙度为 Ra3.2μm。

2.3.1.2 工艺分析

（1）加工方案的确定

根据零件的加工要求，各表面的加工方案确定为：粗车→精车。

（2）确定装夹方案

工件是棒料，为回转体，可用三爪自定心卡盘装夹。ϕ32 的外表面不需要加工，可用来做装夹面（注意：不要夹伤表面）。

（3）确定加工工序

零件毛坯为棒料，加工余量较多，为了能够保证加工精度，在加工时，先进行粗加工，再进行精加工。

加工工序如表 2-6 所示。

表 2-6　数控加工工序卡片

数控加工工序卡片			产品名称	零件名称	材料	零件图号	
					45 钢		
工序号	程序编号	夹具名称	夹具编号	使用设备		车间	
工步号	工步内容		刀具号	主轴转速/(r/min)	进给速度/(mm/r)	背吃刀量/mm	备注
装夹：夹住ϕ32 外圆，留出长度大约 60mm，对刀，调用程序							
1	粗车端面		T0101	800	0.2	0.7	
2	粗车圆锥面		T0101	800	0.2	1.5	
3	粗车ϕ26 外圆		T0101	800	0.2	1.5	
4	精车端面		T0202	1200	0.1	0.3	
5	精车圆锥面		T0202	1200	0.1	0.3	
6	精车ϕ26 外圆		T0202	1200	0.1	0.3	

（4）进给路线的确定

① 粗车走刀路线。粗车圆锥面的走刀路线如图 2-15 所示，其余表面的粗车走刀路线略。

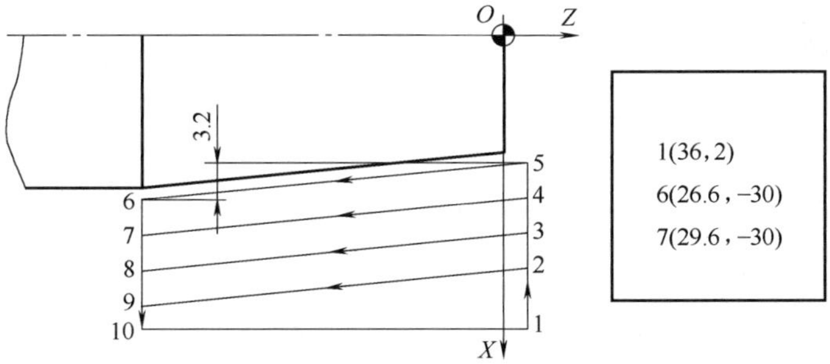

图 2-15　粗车圆锥面的走刀路线

② 精车外圆走刀路线。精车外圆的走刀路线如图 2-16 所示，端面精车走刀路线略。

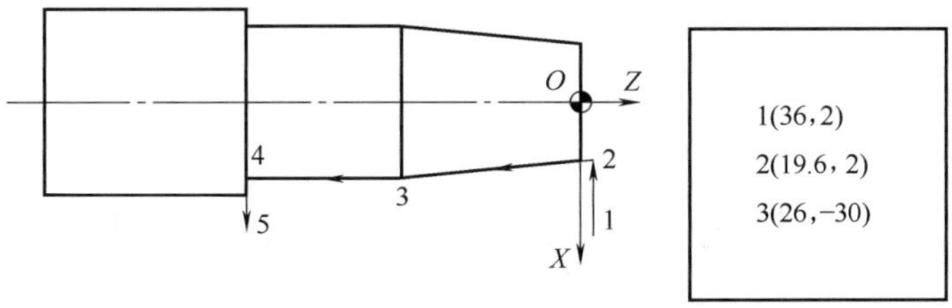

图 2-16　精车外圆的走刀路线

2.3.1.3　刀具及切削参数的确定

刀具及切削参数的确定，如表 2-7 所示。

表 2-7　数控加工刀具卡片

数控加工刀具卡片		工序号	程序编号	产品名称	零件名称	材　料	零件图号
						45 钢	
序号	刀具号	刀具名称及规格		刀尖半径/mm	加工表面		备注
1	T0101	95°粗车右偏外圆刀		0.8	外表面、端面		硬质合金
2	T0202	95°精车右偏外圆刀		0.4	外表面、端面		硬质合金

2.3.2　参考程序编制

2.3.2.1　工件坐标系的建立

以工件右端面与轴线的交点为编程原点建立工件坐标系。

2.3.2.2　基点坐标计算

如图 2-15 和图 2-16 所示的基点坐标。

2.3.2.3　参考程序

参考程序如表 2-8 所示。

表 2-8　　参考程序

程　　序		说　　明
O2060		程序名
N10	T0101	选择 1 号刀,建立刀补
N20	M03 S800	启动主轴,转速 800r/min
N30	G00 X40 Z5	快进至进刀点
N40	X36 Z2	快进至端面车削循环起点
N50	G94 X-2 Z0. 3 F0. 2	端面粗车循环
N60	G90 X35. 6 Z-30 R-3. 2	锥面粗车循环
N70	X32. 6	
N80	X29. 6	
N90	X26. 6	
N100	G00 X36 Z-29	快进至ϕ26 外圆车削循环起点
N110	G90 X29. 6 Z-55. 9	ϕ26 外圆粗车循环
N120	X26. 6	
N130	G00 X100 Z100 M05	返回换刀点,停主轴
N140	T0100	取消 1 号刀刀补
N150	T0202	选择 2 号刀,建立刀补
N160	G50 S3000	主轴限速(最高转速 3000r/min)
N170	M03 G96 S120	启动主轴,恒线速控制
N180	G00 X40 Z5	快进至进刀点
N190	X36 Z2	快进至端面车削循环起点
N200	G94 X-2 Z0 F0. 1	端面精车循环
N210	G00 X19. 6 Z2	快进至 2 点(图 2-15)
N220	G01 X26 Z-30 F0. 1	2→3
N230	Z-56	3→4
N240	X27	4→5
N250	G00 X100 Z100 M05 G97	返回至换刀点,停主轴,取消恒线速控制
N260	T0200	取消 2 号刀刀补
N270	M30	程序结束

项目 3　阶梯轴的数控加工

3.1　任务描述

如图 3-1 所示的阶梯轴零件，未注倒角为 *C*0.5，分析零件图，编制零件的加工程序，采用数控设备完成零件的加工。数量：50 套。

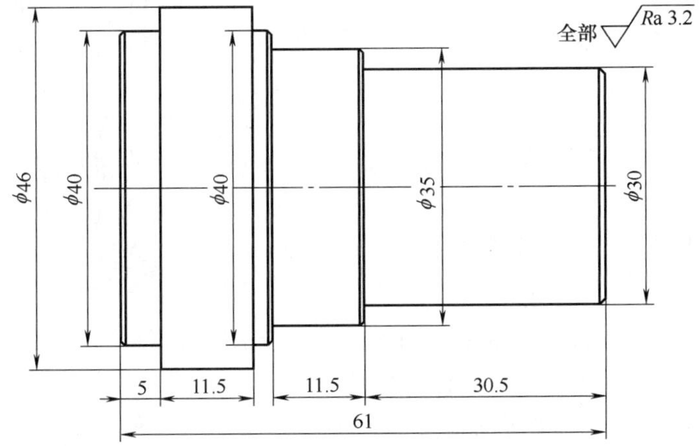

图 3-1　阶梯轴零件图

3.2　知识链接

3.2.1　复合循环指令

当零件外圆、内径或端面的加工余量较大时，需要多次进刀，为了减少程序段的数量、缩短编程时间、减少程序所占的内存，可采用循环编程。在加工外成型面时，常用的复合固定循环包括：外圆粗车循环 G71、精车循环 G70、端面粗车循环 G72、固定形状粗车循环 G73。

3.2.1.1　外圆粗车循环指令（G71）

（1）指令格式

指令格式：G71 U(Δd) R(e)；

G71 P(ns) Q(nf) U(Δu) W(Δw) F __；

式中：Δd——切深，半径量；

e——退刀量；

ns——精加工轮廓程序段中开始程序段的段号；

nf——精加工轮廓程序段中结束程序段的段号；

Δu——径向（X）精加工余量，直径量；

Δw——轴向（Z）精加工余量；

F——粗加工循环中的进给速度。

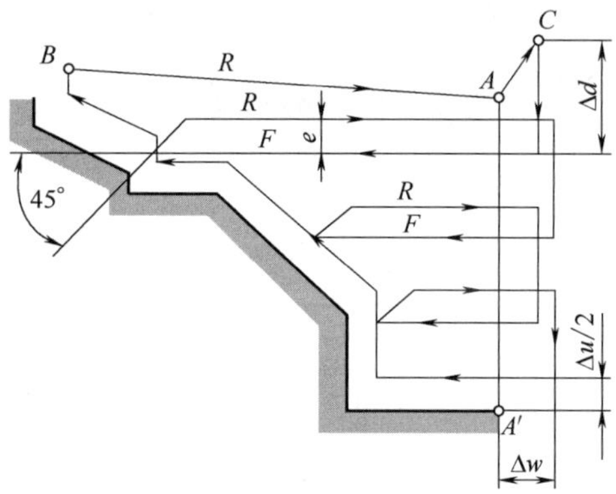

图 3-2　外圆粗车循环 G71 加工轨迹

外圆粗车循环指令 G71 适用于外圆柱面需多次走刀才能完成的粗加工，如图 3-2 所示为其加工轨迹。在程序中给出 $A \to A' \to B$ 的精加工零件形状，留出精加工余量 Δu、Δw，给出切深 Δd，则系统会自动计算出每层的切削终点坐标，完成粗加工循环。

（2）指令形式

在 FANUC 0i 系统中，G71 循环指令有两种类型，即Ⅰ型和Ⅱ型。

① Ⅰ型指令。Ⅰ型指令中要求零件轮廓外形必须是单调递增或单调递减的形式，否则会产生凹形轮廓不是分层切削，而是在半精加工时一次性切削的情况。如图 3-3 所示，当加工图中凹圆弧 AB 段时，因其不满足单调递增或单调递减的要求，故阴影部分的加工余量在粗车循环时，没有分层切削而在半精加工时一次性切除。

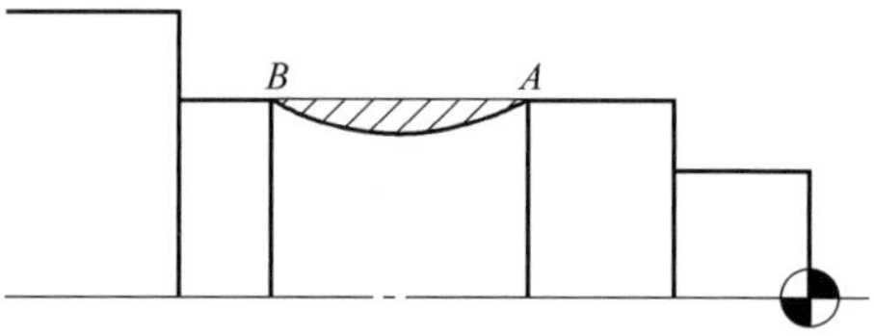

图 3-3　粗车凹槽

② Ⅱ型指令。Ⅱ型指令中允许零件轮廓外形的 X 轴不必单调递增或单调递减，但 Z 轴必须是单调递增或单调递减。现代数控车床一般具有Ⅱ型指令功能。

（3）指令说明

① ns～nf 程序段中的 F、S、T 只对精车循环有效，而粗车循环的 F、S、T 功能需要在 G71 程序段前和程序段中指定才有效。

② 精加工余量 Δu、Δw 有正负之分，当余量方向与坐标轴正向一致时为正，否则为负。

③ 在顺序号为“ns”的程序段中必须有 G00 或 G01 指令，且不可有 Z 轴方向移动指令。

④ 在 G71 循环中不允许调用子程序。

3.2.1.2 精车循环指令（G70）

指令格式：G70 P(ns) Q(nf) F __；

式中：ns——精加工轮廓程序段中开始程序段的段号；
　　nf——精加工轮廓程序段中结束程序段的段号；
　　F——精加工循环中的进给速度。

指令说明：

① 必须在 G71、G72 或 G73 指令后，才可以使用 G70 指令。

② G70 精加工循环结束后，刀具快速返回循环始点。

③ 在 G70 被使用的顺序号 ns~nf 程序段中，不能调用子程序。

④ ns~nf 程序段中的 F、S、T 对精车循环指令 G70 有效。

【例 3-1】 加工如图 3-4 所示的零件，毛坯为ϕ52mm 的棒料，材料为 45 钢。

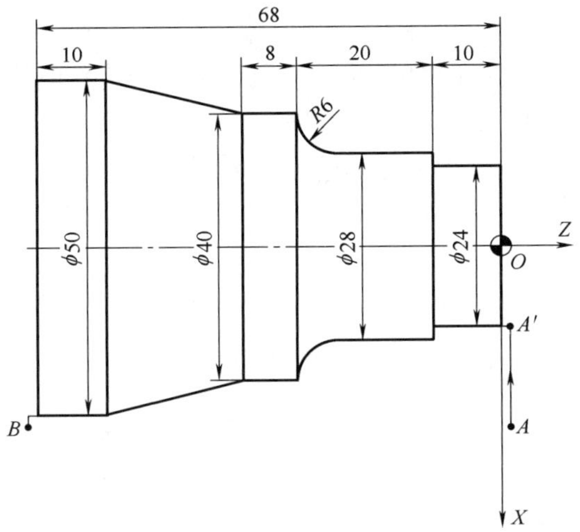

图 3-4　外圆粗车循环指令 G71 编程

参考程序：

O3020	
N10 T0101；	选择 1 号刀，建立刀补
N20 M03 S500；	启动主轴，转速 500r/min
N30 G00 X53 Z1；	快进至 G71 循环起点
N40 G71 U2 R1；	
N50 G71 P60 Q140 U0.6 W0.1 F0.2；	G71 循环粗加工外轮廓
N60 G42 G00 X24 Z1；	刀具右补偿，$A \to A'$，径向进刀
N70 G01 Z-10；	车ϕ24 外圆
N80 X28；	车台阶
N90 Z-24；	车ϕ28 外圆
N100 G02 X40 Z-30 R6；	车 $R6$ 圆弧
N110 G01 Z-38；	车ϕ40 外圆
N120 X50 Z-58；	车圆锥
N130 Z-69；	车ϕ50 外圆
N140 X53；	$\to B$，径向退刀

N150 G70 P60 Q140 F0.1 S1000;　　G70 循环精加工外轮廓
N160 G40 G00 X100 Z100;　　取消刀尖圆弧半径补偿，快速退刀
N170 M05;　　停主轴
N180 T0100;　　取消 1 号刀刀补
N190 M30;　　程序结束

3.2.1.3 端面粗车循环指令（G72）

指令格式：G72 W(Δd) R(e)；

G72 P(ns) Q(nf) U(Δu) W(Δw) F __；

指令说明：

① 指令中各项的意义与 G71 相同，使用方式同 G71。

② G72 指令不能用于加工端面有内凹的形体。

③ 在顺序号为“ns”的程序段中必须有 G00 或 G01 指令，且不可有 X 轴方向移动指令。

端面粗车循环指令适用于 Z 向加工余量较小，而 X 向加工余量大的圆柱棒料毛坯的粗加工，如图 3-5 所示为其加工轨迹。在程序中给出 $A \to A' \to B$ 的精加工零件形状，留出精加工余量 Δu、Δw，给出切深 Δd，则系统会自动计算出每层的切削终点坐标，完成粗加工循环。

【例 3-2】 加工如图 3-6 所示的零件，毛坯为 ϕ60mm 的棒料，材料为 45 钢。

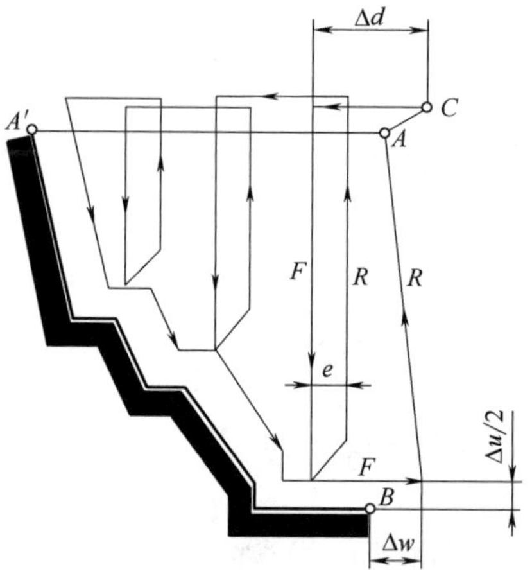

图 3-5 端面粗车循环 G72 加工轨迹

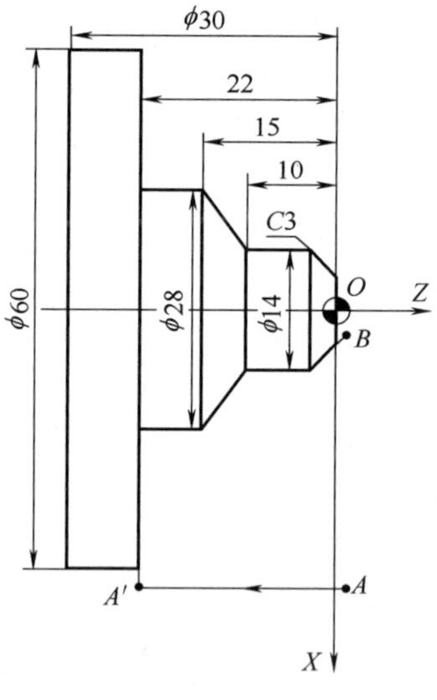

图 3-6 端面圆粗车循环指令 G72 编程实例

参考程序：

O3030
N10 T0101;　　选择 1 号刀，建立刀补
N20 M03 S500;　　启动主轴，转速 500r/min
N30 G00 X61 Z1;　　快进至 G72 循环起点
N40 G72 W2 R1;
N50 G72 P60 Q110 U0.6 W0.2 F0.2;　　G72 循环粗加工外轮廓

N60 G00 X61 Z-22;	A→A′，轴向进刀
N70 G01 X28;	车台阶
N80 Z-15;	车φ28 外圆
N90 X14 Z-10;	车圆锥
N100 Z-7;	车φ14 外圆
N110 X6 Z1;	→B，车倒角
N120 G70 P60 Q110 F0.1 S1000;	G70 循环精加工外轮廓
N130 G00 X100 Z100;	快速退刀
N140 M05;	停主轴
N150 T0100;	取消 1 号刀刀补
N160 M30;	程序结束

3.2.1.4　固定形状粗车循环指令（G73）

指令格式：G73 U(Δi) W(Δk) R(d);

G73 P(ns) Q(nf) U(Δu) W(Δw) F__;

式中：Δi——X 轴向总退刀量，半径量；

Δk——Z 轴向总退刀量；

d——重复加工次数；

ns——精加工轮廓程序段中开始程序段的段号；

nf——精加工轮廓程序段中结束程序段的段号；

Δu——径向（X）精加工余量，直径量；

Δw——轴向（Z）精加工余量；

F——粗加工循环中的进给速度。

G73 指令适用于毛坯轮廓形状与零件轮廓形状基本接近的铸、锻毛坯。如图 3-7 所示，执行 G73 指令时，每一刀的切削路线的轨迹形状是相同的，只是位置不同。每走完一刀，就把切削轨迹向工件吃刀方向移动一个位置，这样就可以将铸、锻件待加工表面分层、均匀的切削。

【例 3-3】 加工如图 3-8 所示的零件（φ48 外圆已加工），毛坯为锻件，单边余量

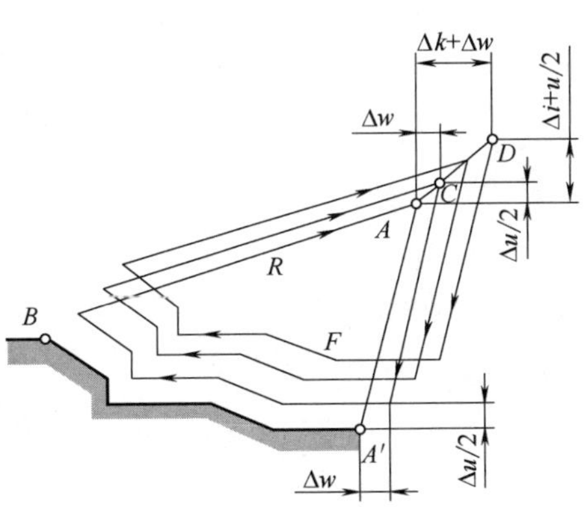

图 3-7　固定形状粗车循环指令 G73 走刀路线

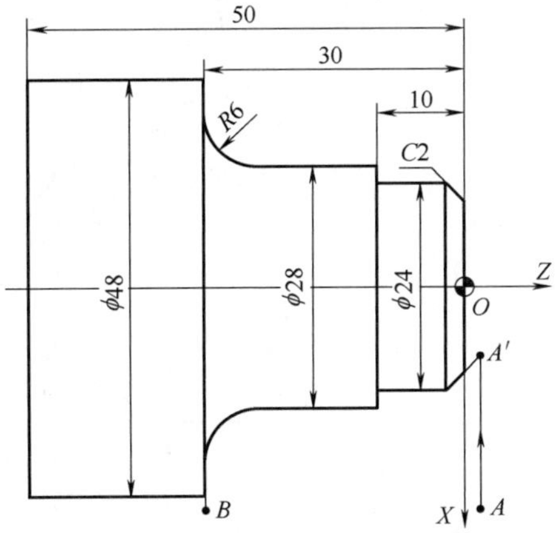

图 3-8　固定形状粗车循环指令 G73 编程实例

2mm，材料为 45 钢。

参考程序：

```
O3040
N10 T0101;                               选择 1 号刀，建立刀补
N20 M03 S500;                            启动主轴，转速 500r/min
N30 G00 X50 Z2;                          快进至 G73 循环起点
N40 G73 U14 W2 R7;
N50 G73 P60 Q110 U0.6 W0.1 F0.2;         G73 循环粗加工外轮廓
N60 G00 X16 Z2;                          A→A′
N70 G01 X24 Z-2;                         车倒角
N80 Z-10;                                车φ24 外圆
N90 X28;                                 车台阶
N100 Z-24;                               车φ28 外圆
N100 G02 X40 Z-30 R6;                    车 R6 圆弧
N110 G01 X50;                            →B，车台阶
N120 G70 P60 Q110 F0.1 S1000;            G70 循环精加工外轮廓
N130 G00 X100 Z100;                      快速退刀
N140 M05;                                停主轴
N150 T0100;                              取消 1 号刀刀补
N160 M30;                                程序结束
```

3.3 复合循环指令编程实例

3.3.1 任务描述

加工如图 3-9 所示的零件，毛坯为ϕ42mm 的棒料，材料为 45 钢，分析零件图，编制

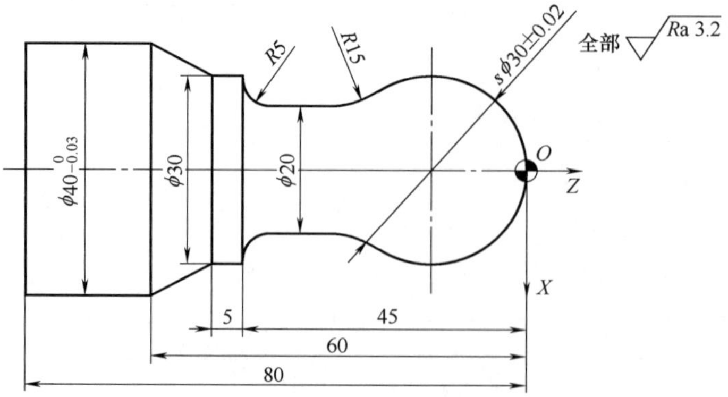

图 3-9 棒料零件图

零件的数控加工程序。

3.3.2 加工工艺的确定

3.3.2.1 分析零件图样

该零件为一轴类零件，主要加工面包括圆柱面、圆锥面、圆弧、球面、端面等。其中圆柱面和球面的尺寸精度为 8 级，所有表面的粗糙度为 $Ra3.2\mu m$。

3.3.2.2 工艺分析

（1）加工方案的确定

根据零件的加工要求，各表面的加工方案确定为：粗车→精车。

（2）确定装夹方案

工件是棒料，为回转体，可用三爪自定心卡盘装夹。

（3）确定加工工序

零件毛坯为棒料，所需加工的余量较多，为了保证加工精度，在加工时，先采用 G71 循环指令进行粗加工，再采用 G70 指令进行精加工。

加工工序如表 3-1 所示。

表 3-1　　数控加工工序卡片

数控加工工序卡片			产品名称	零件名称	材料	零件图号	
					45 钢		
工序号	程序编号	夹具名称	夹具编号	使用设备		车间	
工步号	工步内容		刀具号	主轴转速/（r/min）	进给速度/（mm/r）	背吃刀量/mm	备注
装夹：夹住棒料一头，留出长度大约 78mm，车端面（手动操作），对刀，调用程序							
1	粗车外轮廓		T0101	600	0.2	1.5	
2	精车外轮廓		T0202	800	0.1	0.5	
3	切断		T0303	600	0.1	4	
4	掉头，平端面，达到图纸要求						

（4）进给路线的确定

精车外轮廓的走刀路线如图 3-10 所示，粗车外轮廓的走刀路线略。

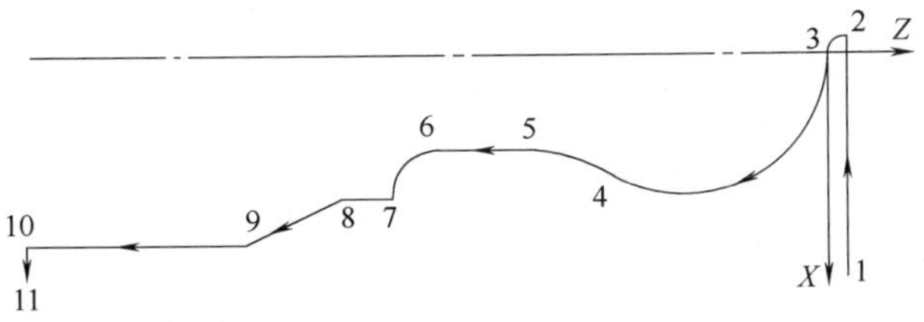

图 3-10　精车外轮廓的走刀路线

图 3-10 中各点坐标如表 3-2 所示。

表 3-2　　外轮廓加工基点坐标

序号	坐标	序号	坐标	序号	坐标
1	(43,1)	5	(20,-31.583)	9	(40,-60)
2	(-2,1)	6	(20,-40)	10	(40,-85)
3	(0,0)	7	(30,-45)	11	(43,-85)
4	(25,-23.292)	8	(30,-50)	—	—

3.3.2.3 刀具及切削参数的确定

刀具及切削参数的确定，如表 3-3 所示。

表 3-3　　数控加工刀具卡片

数控加工刀具卡片	工序号	程序编号	产品名称	零件名称	材　料	零件图号
					45 钢	

序号	刀具号	刀具名称及规格	刀尖半径/mm	加工表面	备注
1	T0101	93°右偏外圆刀(35°菱形刀片)	0.8	外轮廓	硬质合金
2	T0202	93°右偏外圆刀(35°菱形刀片)	0.4	外轮廓	硬质合金
3	T0303	切断刀($B=4$)	—	切槽	硬质合金

3.3.3 参考程序编制

3.3.3.1 工件坐标系的建立

以工件右端面与轴线的交点为编程原点建立工件坐标系。

3.3.3.2 基点坐标计算

如表 3-2 所示的坐标。

3.3.3.3 参考程序

参考程序如表 3-4 所示。

表 3-4　　参考程序

程　序		说　明
O3050		程序名
N10	T0101	选择 1 号刀，建立刀补
N20	M03 S600	启动主轴，转速 600r/min
N30	G00 X45 Z5	快进至进刀点
N40	X43 Z1	快进至 G71 循环起点
N50	G71 U1.5 R1	G71 循环粗加工外轮廓
N60	G71 P70 Q160 U1 W0 F0.2	
N70	G42 G00 X-2 Z1	1→2，建立刀尖圆弧半径补偿
N80	G02 X0 Z0 R1	2→3，圆弧切入
N90	G03 X25 Z-23.292 R15	3→4

续表

程　序		说　明
N100	G02 X20 Z-31.583 R15	4→5
N110	G01 Z-40	5→6
N120	G02 X30 Z-45 R5	6→7
N130	G01 X30 Z-50	7→8
N140	X40 Z-60	8→9
N150	Z-85	9→10
N160	X43 Z-85	10→11,*X* 向退刀
N170	G00 X100 Z100 M05	返回换刀点,停主轴
N180	T0100	取消 1 号刀刀补
N190	T0202	选择 2 号刀,建立刀补
N200	G50 S3000	主轴限速(最高转速 3000r/min)
N210	M03 G96 S120	启动主轴,恒线速控制
N220	G00 X45 Z5	快进至进刀点
N230	X43 Z1	快进至 G70 循环起点
N240	G70 P70 Q160 F0.1	G70 循环精加工外轮廓
N250	G40 G00 X100	取消刀尖圆弧半径补偿,*X* 向快速退刀
N260	Z100 M05	返回换刀点,停主轴
N270	T0200	取消 2 号刀刀补
N280	T0303	选择 3 号刀,建立刀补(左刀尖为刀位点)
N290	G97 M03 S600	取消恒线速控制,启动主轴
N300	G00 X45 Z5	快进至进刀点
N310	Z-84.4	快进至切断起点,总长留 0.4mm 余量
N320	G01 X40.2 F0.5	径向接近工件
N330	X0 F0.1	切断工件
N340	G00 X100	*X* 向快速退刀
N350	Z100 M05	*Z* 向快速退刀,返回换刀点,停主轴
N360	T0300	取消 3 号刀刀补
N370	M30	程序结束

3.4　任务实施

如图 3-1 所示的阶梯轴零件，分析零件图，编制零件的加工程序，采用数控设备完成零件的加工。数量：50 套。

3.4.1 加工工艺的确定

3.4.1.1 分析零件图样

该零件为一轴类零件，主要加工面包括圆柱面、圆锥面、端面等。其中圆柱面尺寸精度为 8 级，所有表面的粗糙度为 $Ra3.2\mu m$。圆柱面、圆锥面在数控车床上完成加工，头部的六边形在数控铣床上完成加工。选择毛坯为ϕ55mm×65mm 的 45 号钢材料。此处只编制数控车加工的程序。

3.4.1.2 工艺分析

(1) 加工方案的确定

根据零件的加工要求，各表面的加工方案确定为：粗车→精车。

(2) 确定装夹方案

工件是棒料，为回转体，可用三爪自定心卡盘装夹。

(3) 确定加工工序

零件毛坯为棒料，加工余量较多，为了保证加工精度，在加工时，先采用 G71 循环指令进行粗加工，再采用 G70 指令进行精加工。

加工工序如表 3-5 所示。

表 3-5　　数控加工工序卡片

数控加工工序卡片			产品名称	零件名称	材料	零件图号	
					45 钢		
工序号	程序编号	夹具名称	夹具编号	使用设备		车间	
工步号	工步内容		刀具号	主轴转速/(r/min)	进给速度/(mm/r)	背吃刀量/mm	备注
装夹:夹住棒料一头,留出长度大约 70mm,车端面(手动操作),对刀,调用程序							
1	粗车右端外轮廓		T0101	600	0.2	1.5	
2	精车右端外轮廓		T0202	800	0.1	0.5	
3	调头装夹,车左端外轮廓		T0101	600	0.1	1.5	
4	调头装夹,车左端外轮廓		T0202	600	0.1	0.5	

(4) 进给路线的确定

精车外轮廓的走刀路线如图 3-11、图 3-12 所示，粗车外轮廓的走刀路线略。

图 3-11 中各点坐标如表 3-6 所示。

表 3-6　　右端外轮廓加工基点坐标

序号	坐标	序号	坐标	序号	坐标
1	(55,2)	5	(30,-30.5)	9	(39,-44.5)
2	(29,2)	6	(34,-30.5)	10	(40,-45)
3	(29,0)	7	(35,-31)	11	(40,-47.5)
4	(30,-0.5)	8	(35,-44.5)	12	(55,-47.5)

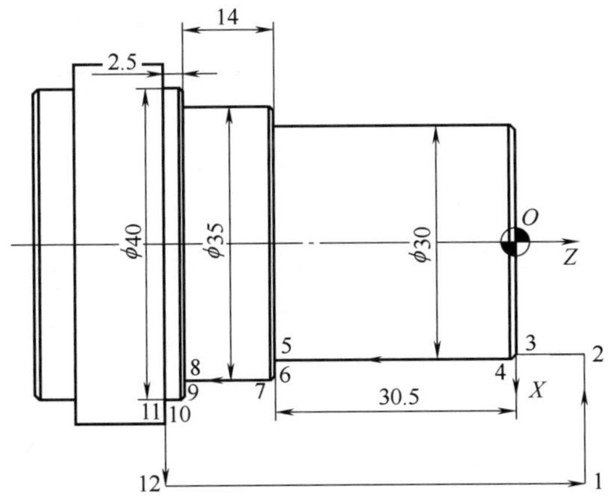

图3-11 精车右端外轮廓走刀路线

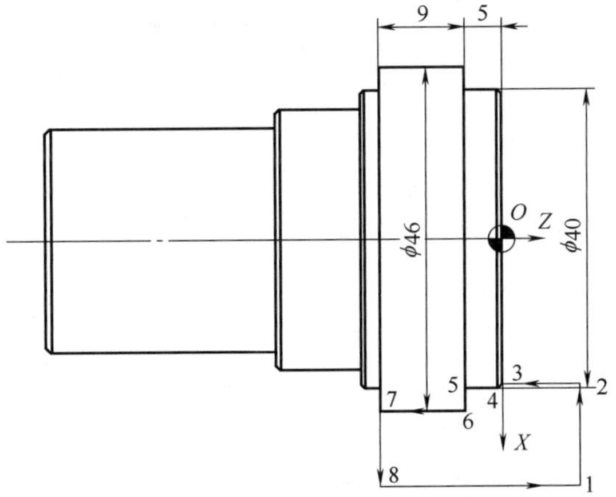

图3-12 精车左端外轮廓走刀路线

图3-12中各点坐标如表3-7所示。

表3-7　　左端外轮廓加工基点坐标

序号	坐标	序号	坐标	序号	坐标
1	(55,2)	4	(40,-0.5)	7	(46,-14)
2	(39,2)	5	(40,-5)	8	(55,-14)
3	(39,0)	6	(46,-5)	—	—

3.4.1.3 刀具及切削参数的确定

刀具及切削参数的确定，如表3-8所示。

表3-8　　数控加工刀具卡片

<table>
<tr><td colspan="2" rowspan="2">数控加工
刀具卡片</td><td>工序号</td><td>程序编号</td><td>产品名称</td><td>零件名称</td><td>材　料</td><td>零件图号</td></tr>
<tr><td></td><td></td><td></td><td></td><td>45钢</td><td></td></tr>
<tr><td>序号</td><td>刀具号</td><td colspan="2">刀具名称及规格</td><td>刀尖半径/mm</td><td>加工表面</td><td colspan="2">备注</td></tr>
<tr><td>1</td><td>T0101</td><td colspan="2">93°右偏外圆刀(35°菱形刀片)</td><td>0.8</td><td>外轮廓</td><td colspan="2">硬质合金</td></tr>
<tr><td>2</td><td>T0202</td><td colspan="2">93°右偏外圆刀(35°菱形刀片)</td><td>0.4</td><td>外轮廓</td><td colspan="2">硬质合金</td></tr>
</table>

3.4.2 参考程序编制

3.4.2.1 工件坐标系的建立

以工件右端面与轴线的交点为编程原点建立工件坐标系。

3.4.2.2 基点坐标计算

如表3-6、表3-7中的坐标。

3.4.2.3 参考程序

参考程序如表3-9所示。

表 3-9　　参考程序

程　　序		说　　明
O3060(右端加工程序)		程序名
N10	T0101	选择 1 号刀,建立刀补
N20	M03 S800	启动主轴,转速 800r/min
N30	G00 X65 Z5	快进至进刀点
N40	X55 Z2	快进至 G71 循环起点
N50	G71 U1.5 R1	G71 循环粗加工外轮廓
N60	G71 P70 Q165 U1 W0 F0.2	
N70	G42 G00 X29 Z2	1→2,建立刀尖圆弧半径补偿
N80	G01 X29 Z0	2→3
N90	X30 Z-0.5	3→4
N100	X30 Z-30.5	4→5
N110	X34	5→6
N120	X35 Z-31	6→7
N130	X35 Z-44.5	7→8
N140	X39 Z-44.5	8→9
N150	X40 Z-45	9→10
N162	X40 Z-47.5	10→11
N165	G40 X55 Z-47.5	11→12
N168	G00 X55 Z2	12→1
N170	G00 X100 Z100 M05	返回换刀点,停主轴
N180	T0100	取消 1 号刀刀补
N190	T0202	选择 2 号刀,建立刀补
N200	G50 S3000	主轴限速(最高转速 3000r/min)
N210	M03 G96 S120	启动主轴,恒线速控制
N220	G00 X65 Z5	快进至进刀点
N230	X55 Z2	快进至 G70 循环起点
N240	G70 P70 Q165 F0.1	G70 循环精加工外轮廓
N250	G40 G00 X100	取消刀尖圆弧半径补偿,*X* 向快速退刀
N260	Z100 M05	返回换刀点,停主轴
N270	T0200	取消 2 号刀刀补
N280	G00 X100 Z100	退刀
N290	M30	程序结束
O3070(左端加工程序)		程序名
N10	T0101	选择 1 号刀,建立刀补
N20	M03 S800	启动主轴,转速 800r/min

续表

程 序		说 明
N30	G00 X65 Z5	快进至进刀点
N40	X55 Z2	快进至 G71 循环起点
N50	G71 U1.5 R1	G71 循环粗加工外轮廓
N60	G71 P70 Q130 U1 W0 F0.2	
N70	G42 G00 X39 Z2	1→2,建立刀尖圆弧半径补偿
N80	G01 X39 Z0	2→3
N90	X40 Z-0.5	3→4
N100	X40 Z-5	4→5
N110	X46 Z-5	5→6
N120	X46 Z-14	6→7
N130	G40 X55 Z-14	7→8
N140	G00 X55 Z2	8→1
N150	G00 X100 Z100 M05	返回换刀点,停主轴
N160	T0100	取消 1 号刀刀补
N170	T0202	选择 2 号刀,建立刀补
N180	G50 S3000	主轴限速(最高转速 3000r/min)
N190	M03 G96 S120	启动主轴,恒线速控制
N200	G00 X65 Z5	快进至进刀点
N210	X55 Z2	快进至 G70 循环起点
N220	G70 P70 Q130 F0.1	G70 循环精加工外轮廓
N230	G40 G00 X100	取消刀尖圆弧半径补偿,*X* 向快速退刀
N240	Z100 M05	返回换刀点,停主轴
N250	T0200	取消 2 号刀刀补
N260	M30	程序结束

项目 4　滚轮零件内孔的数控加工

4.1　任务描述

建筑提升机的吊笼导向滚轮零件如图 4-1 所示，毛坯为锻件，材料为 45 钢。该滚轮零件主要由外轮廓、内孔、内槽组成。本项目任务主要完成该零件内孔的加工。

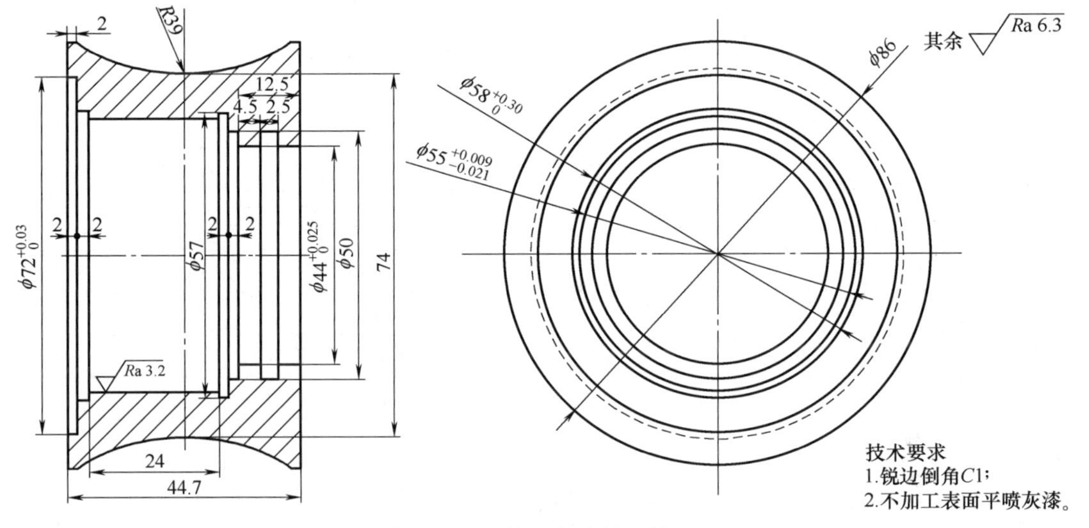

图 4-1　吊笼导向滚轮零件图

4.2　知识链接

4.2.1　内孔加工的特点

孔加工比外圆加工要困难，具体体现在以下几个方面。

① 内孔加工较外圆加工而言，观察刀具切削情况比较困难，尤其在孔小而深时这个问题更突出。

② 由于受孔径大小的影响，内孔刀具的刀杆不可能设计得很大，因此刀杆的刚性较差，在加工过程中容易产生振动等现象。

③ 内孔加工，尤其是盲孔加工时，排屑较困难。

④ 切削液难以达到切削区域。

⑤ 内孔的测量比较困难。

⑥ 孔加工的方法通常有钻孔、扩孔、车孔和铰孔。车孔是车削加工的主要内容之一，车孔精度一般可达 IT7 ~ IT8，表面粗糙度 Ra1. 6 ~ 3. 2μm，可用作粗加工，也可用作精加工。

4. 2. 2　内孔车刀的分类和选择

4. 2. 2. 1　内孔车刀

内孔车刀可分为通孔车刀和盲孔车刀两种，如图 4-2 所示。

① 通孔车刀。切削部分的几何形状与外圆车刀相似，为了减小径向切削抗力，防止车孔时振动，主偏角应取得大些，一般为 60°~75°，副偏角一般为 15°~30°。为防止内孔车刀后刀面和孔壁摩擦又不使后角磨得太大，一般磨成双后角的形式。

② 盲孔车刀用来车削盲孔或阶台孔，切削部分形状基本与偏刀相似，它的主偏角大于 90°，一般为 92°~95°，后角的要求和通孔车刀一样。不同之处是盲孔车刀的刀尖到刀杆外端的距离小于孔半径，否则无法车平孔的底面。

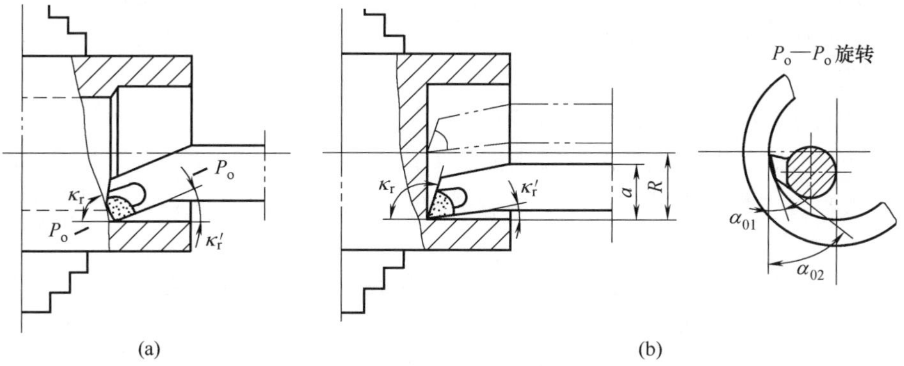

图 4-2　内孔车刀
（a）通孔车刀　（b）盲孔车刀

4. 2. 2. 2　内孔车刀的选用

常用的内孔车刀有两种不同截面形状的刀柄，圆刀柄和方刀柄，如图 4-3 所示。还有一些特殊用途的车孔刀，如刀柄部有切削液输送孔，柄部装有减振机构的和使用重金属做的刀柄等。

4. 2. 2. 3　刀柄截面形状的选用

（1）优先选用圆柄车刀

由于圆柄车刀的刀尖高度是刀柄高度的 1/2，且柄部为圆形，有利于排屑，故在加工相同直径的孔时圆柄车刀的刚性明显高于方柄车刀。所以在条件许可时应尽量采用圆柄车刀。在卧式车床上因受四方刀架限制，一般多采用正方形矩形柄车刀。如用圆柄车刀，为使刀尖处于主轴中心线高度，当圆柄车刀顶部超过四方刀架的使用范围时，可增加辅具后

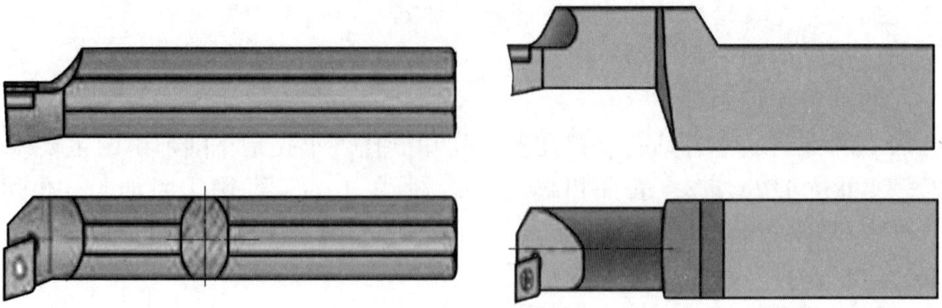

图 4-3　内孔车刀刀柄结构

再使用。

（2）刀柄截面尺寸的选用

标准内孔车刀已给定了最小加工孔径。对于加工最大孔径范围，一般不超过比它大一个规格的内孔刀所定的最小加工孔径，如有特殊需要，也应小于再大一个规格的使用范围。

（3）刀柄形式的选用

通常大量使用的是整体钢制刀柄，这时刀杆的伸出量应在刀杆直径的 4 倍以内。当伸出量大于 4 倍或加工刚性差的工件时，应选用带有减振机构的刀柄。如加工很高精度的孔，应选用重金属（如硬质合金）制造的刀柄，如在加工过程中刀尖部分需要充分冷却，则应选用有切削液输送孔的刀柄。

4.2.2.4　内孔车刀的安装

① 刀尖应与工件中心等高或稍高。

② 刀杆伸出长度不宜过长，一般比被加工孔长 5~6mm。

③ 杆基本平行于工件轴线，否则在车削到一定深度时，刀杆后半部分容易碰到工件孔口。

④ 盲孔车刀安装时，内偏刀的主刀刃应与孔底平面成 3°~5°角，并且在车平面时要求横向有足够的退刀余地，如图 4-4 所示。

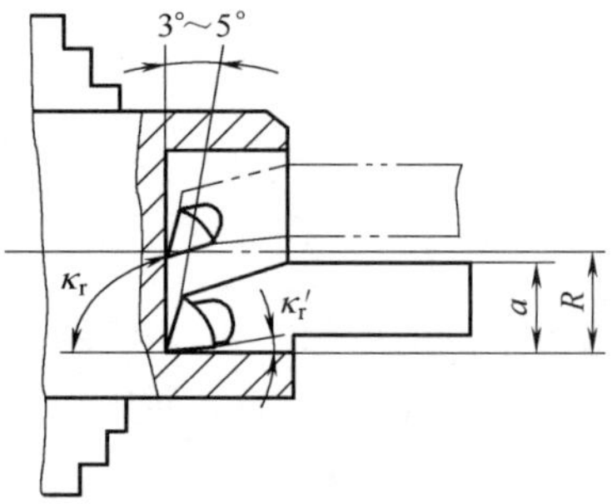

图 4-4　内孔车刀安装图

4.2.2.5　内孔车削的关键技术

内孔车削的关键技术是解决内孔车刀的刚性和排屑问题。

（1）增加内孔车刀刚性的措施

① 尽量增加刀柄的截面积，通常车刀的刀尖位于刀杆的上面，这样刀杆的截面积较小，还不到孔截面积的 1/4；若使内孔车刀的刀尖位于刀杆的中心线上，那么刀杆在孔中的截面积可大大增加。

② 尽可能缩短刀杆的伸出长度，以增加车刀刀杆刚性，减小切削过程中的振动。

③ 选择不同的刀杆材料。用高速钢或硬质合金制作的刀杆刚性较好，深孔加工时可以选用硬质合金刀杆。

（2）解决排屑问题

主要是控制切屑流出方向。精车孔时要求切屑流向待加工表面（前排屑）。为此，采用正刃倾角的内孔车刀；加工盲孔时，应采用负的刃倾角，使切屑从孔口排出。

（3）充分加注切削液

切削液有润滑、冷却、清洗、防锈等作用，孔加工（尤其是加工塑性材料）时应充分加注切削液，以减少工件的热变形，提高零件的表面质量。

（4）合理选择刀具几何参数和切削用量

孔加工时由于加工空间狭小，使用的刀具刚性不足，所以刀具一般要求比较锋利，且切削用量比加工外圆时要选得小些。

4.2.2.6　加工孔的注意事项

① 内孔车刀的刀尖应尽量与车床主轴的轴线等高。

② 刀杆的粗细应根据孔径的大小来选择，刀杆粗会碰孔壁，刀杆细则刚性差，刀杆应在不碰孔壁的前提下尽量大些为宜。

③ 刀杆伸出刀架的距离应尽可能短些，以改善刀杆刚性，减少切削过程中可能产生的振动。

④ 精车内孔时，应保持刀刃锋利，否则容易产生让刀，把孔车出锥度。

⑤ 精车后应检查内孔尺寸是否符合要求，如有误差应修改后重复精车到尺寸。

4.3　内孔编程实例

4.3.1　任务描述

如图 4-5 所示，毛坯为ϕ40mm 材料为 45 钢棒料。要求分析其数控车削加工工艺，编制数控加工程序并进行加工，其中 A（31.55，0）、B（16，−33.745）。

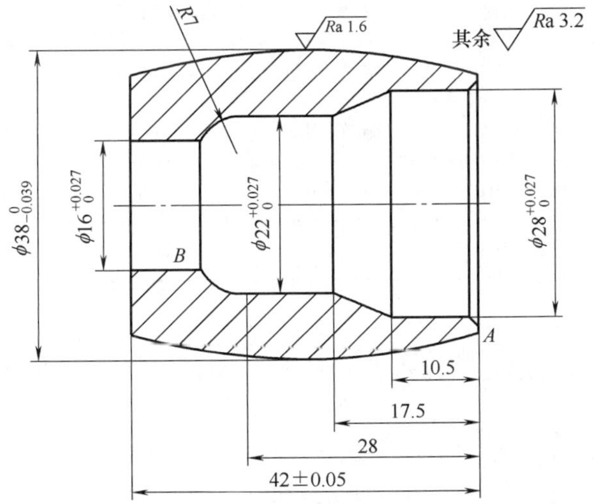

图 4-5　内孔零件图

4.3.2 加工工艺的确定

4.3.2.1 分析零件图样

（1）零件分析

零件图如图 4-5 所示。

（2）尺寸精度、形位精度和表面粗糙度分析

① 尺寸精度。本任务中外圆和内孔的尺寸精度要求较高。对于尺寸精度要求，主要通过在加工过程中的准确对刀、正确设置刀补及磨耗，以及制定合适的加工工艺等措施来保证。

② 形位精度。本任务中未标注形位公差，形位精度要求不高，通过车床精度及一次装夹加工可以达到要求。

③ 表面粗糙度。本任务中，内孔的表面粗糙度可通过选用合适的刀具及其几何参数、正确的粗/精加工路线、合理的切削用量等措施来保证。

4.3.2.2 加工工艺分析

（1）制定加工方案及加工路线

首先用外圆车刀手动车端面，采用手动方式钻孔，接着做内孔粗、精加工，然后外轮廓粗、精加工，最后切断。加工工艺及切削用量如表 4-1 所示。

表 4-1　　加工工艺及切削用量

工步号	刀具名称	刀具号	加工内容	主轴转速/(r/min)	进给量/(mm/r)	背吃刀量/mm
1	外圆车刀	T0101	车端面	1000	0.1	1
2	钻头	—	手动钻孔	300	—	—
3	内孔镗刀	T0303	粗车内孔	800	0.1	1
4	内孔镗刀	T0303	精车内孔	1200	0.05	0.2
5	外圆车刀	T0101	粗车外圆	1000	0.1	1.5
6	外圆车刀	T0101	精车外圆	1500	0.05	0.3
7	切断刀	T0202	切断	1000	0.1	—

（2）工件定位与装夹

工件采用通用三爪自定心卡盘进行定位与装夹，工件伸出卡盘端面外长度约 65mm 左右。

（3）选择刀具、量具、夹具等

本任务中刀具材料均为硬质合金，根据实际可选用焊接式或机械夹固式清单如表 4-2 所示。

表 4-2　　　　　　　　　　　　工、量、刀具清单

工、量、刀具清单				零件图号		
种类	序号	名称	规格	精度	单位	数量
工具	1	三爪自定心卡盘			个	1
	2	卡盘扳手			副	1
	3	刀架扳手			副	1
	4	钻夹头			个	1
	5	莫氏锥套	1~6 号		套	1
	6	垫片			块	若干
量具	1	外径千分尺	25~50mm	0.01	把	1
	2	内径百分表	0~35mm	0.01	把	1
	3	游标卡尺	0~150mm	0.01	把	1
	4	表面粗糙度样板			套	1
刀具	1	外圆刀	93°		把	1
	2	镗刀	93°		把	1
	3	切断刀			把	1

4.3.3 参考程序编制

4.3.3.1 建立工件坐标系

根据工件坐标系建立原则，工件原点一般设在右端面与工件轴线交点处。

4.3.3.2 基点坐标

镗刀的循环起点设置在(X14.8, Z5)。如图 4-6 所示，基点坐标 *C*(X30, Z0)，*D*(X28, Z-1)，*E*(X28, Z-10.5)，*F*(X22, Z-17.5)，*G*(X22, Z-28)，*H*(X16, Z-33.745)，*I*(X16, Z-42)。

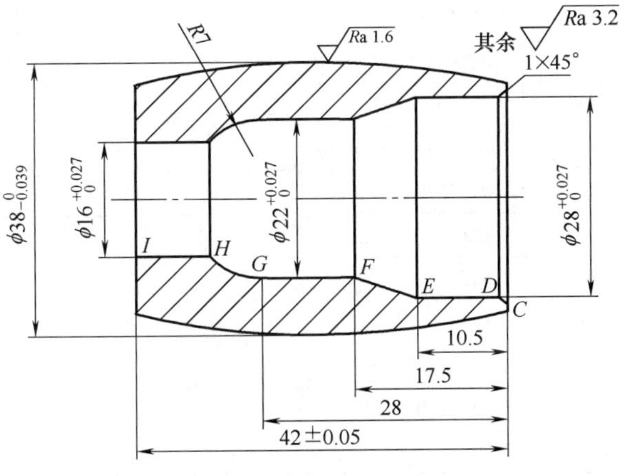

图 4-6　轮廓基点坐标

4.3.3.3 编制程序

参考程序如表 4-3 所示。

表 4-3　　　　　　　　　　　　参考程序

程　序		说　明
O4010		程序名
N10	G99 M03 S800	启动主轴，转速 800r/min
N20	T0303 M08	调用 3 号刀，建立刀补

续表

程	序	说　明
N30	G00 X15 Z2	快速定位到循环起点
N40	G71 U1 R0.2	G71 粗车内圆
N50	G71 P10 Q20 U-0.5 W0 F0.15	
N60	N10 G00 X30	
N70	G01 Z0 F0.15	
N80	X28 Z-1	
N90	Z-10.5	
N100	X22 Z-17.5	
N110	X22 Z-28	
N120	G03 X16 Z-33.745 R7	
N130	N20 G01 X15	
N140	G70 P10 Q20 S1500	精车内圆
N150	G00 X150 Z150	返回换刀点
N160	T0101 S1000	调用 1 号刀车外圆
N170	G00 X50 Z2	定位
N180	G73 U4 R4	粗车外圆
N190	G73 P30 Q40 U0.4 W0 F0.15	
N200	N30 G00 X31.55 Z2	
N210	G01 Z0 F0.15	
N220	G03 X31.55 Z-42 R70	
N230	N40 G01 Z-47	
N240	G70 P30 Q40 S1500	
N250	G00 X150 Z150	
N260	T0202	调用 2 号刀,建立刀补
N270	G00 X45 Z2	
N280	Z-46	
N290	G01 X-1 F0.1	
N300	G00 X150 Z150	返回至换刀点,主轴停止
N310	M30	程序结束

4.4 任务实施

4.4.1 零件工艺性分析

如图 4-1 所示，该零件是一种建筑提升机产品的吊笼导向滚轮零件，用 45 钢材料经锻造后再机加工而制成。该滚轮零件外形为圆弧回转曲面，内孔由多段台阶孔与槽孔组成，虽然也可以使用普通车床、磨床，借助必要的靠模来加工，但用普通车床、磨床加工时，精度要求难以保证，对操作人员的技术水平要求较高，产品生产效率低，劳动强度大，废品率高。数控车床因具有自动化程度高、适合于加工圆弧曲面、精度高、产品质量较稳定等特点，故而更适合加工该零件。

4.4.2　确定加工阶段及数控加工工序

经过对该零件图纸的分析，可将该零件的加工过程划分为三个阶段：首先锻造零件毛坯；然后用普通车床粗车，制成尺寸为$\phi 90$（外径）×$\phi 40$（内径）×50（长度）的半成品；最后采用数控车床，将如图4-7所示的普通车床加工后的半成品加工成所需的成品。

根据如图4-1所示的滚轮零件，可将其加工过程划分为四道工序：第一道工序：加工零件的左端面和$\phi 72$、$\phi 58$内台阶面，$\phi 55$内圆柱面，$\phi 50$内台阶面，$\phi 44$内圆柱面；第二道工序：加工$\phi 57\times 2$和$\phi 50\times 2.5$的两处内槽；第三道工序：加工零件右端面；第四道工序：加工零件$\phi 86$外圆柱面及R39外圆弧面。

本次加工主要完成第一道工序中左端面和$\phi 72$、$\phi 58$内台阶面，$\phi 55$内圆柱面，$\phi 50$内台阶面，$\phi 44$内圆柱面的编程。

4.4.3　确定装夹方案

根据滚轮零件的加工工序，加工该零件的端面、内孔和内槽时，采用三爪卡盘装夹，加工零件的外轮廓时，采用心棒工装夹具，以保证零件的加工精度，及提高生产效率。第一次装夹，用三爪卡盘夹住零件右端$\phi 90$外圆柱面，加工零件的左端面、内孔和内槽；第二次调头装夹，夹住零件左端$\phi 90$外圆柱面，加工零件的右端面，保证零件长度达到图纸要求；第三次装夹采用如图4-8所示的心棒工装定位装夹，加工滚轮零件的整个外轮廓。

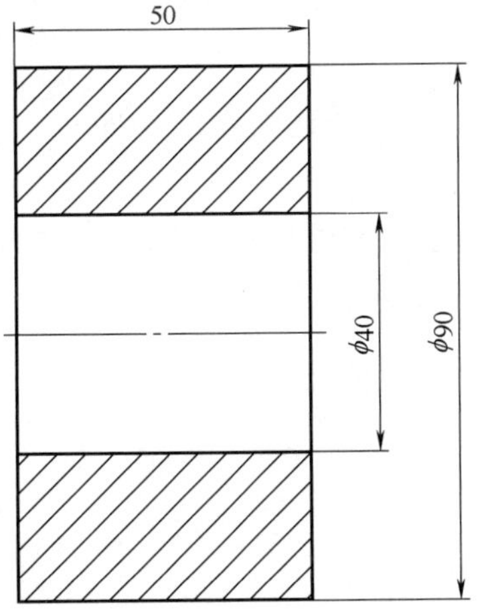

图4-7　普通车床加工后的半成品

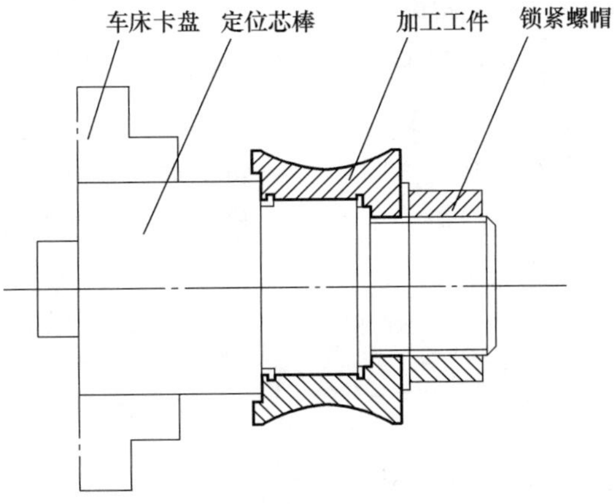

图4-8　外圆弧回转曲面加工的心棒工装定位夹紧

4.4.4 确定走刀路线

加工顺序按由内到外、由粗到精、由近到远的原则确定，在第一次装夹后尽可能加工出比较多的工件表面。由于该零件为批量生产，走刀路线的设计要考虑最短进给或最短空行程路线，内孔走刀路线比较简单，外轮廓表面车削走刀路线可沿零件轮廓顺序进行加工。内轮廓表面车削走刀路线如图 4-9 所示。

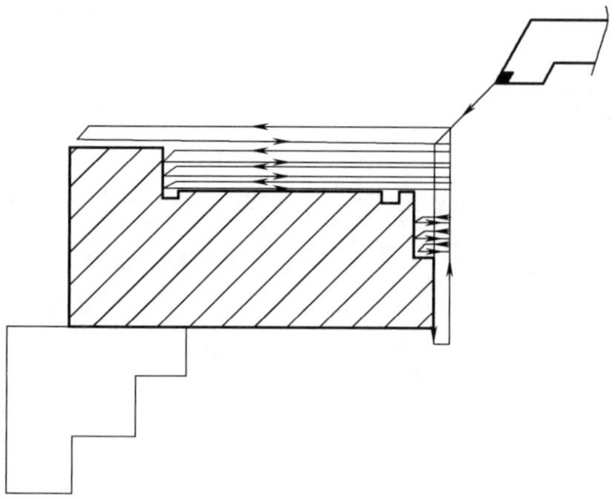

图 4-9 内轮廓表面车削走刀路线

4.4.5 加工刀具的选择

根据零件加工的要求，选择以下刀具：

① 1 号刀——选用主偏角 95°，副偏角 35°的外圆车刀。

② 2 号刀——选用宽 2mm，深度 25mm 切槽刀。

③ 3 号刀——选用ϕ16mm 内孔车刀。

④ 4 号刀——选用ϕ20mm 内孔车刀。

4.4.6 切削用量的选择

根据被加工表面质量要求、刀具材料和工件材料，参考工艺手册选取。

4.4.6.1 主轴转速

粗加工内孔、右端面和外轮廓时主轴转速为 400r/min，精加工时主轴转速为 800r/min，用这样的速度，能保证所加工部位的表面粗糙度要求。

4.4.6.2 进给速度

粗加工时进给速度采用 0.15mm/r，精加工采用 0.08mm/r，切槽时采用 0.08mm/r。

4.4.6.3 背吃刀量

背吃刀量的选择因粗、精加工而有所不同。粗加工内孔时背吃刀量为 1mm，粗加工外轮廓时背吃刀量为 1.5mm；精加工时，为保证表面粗糙度要求，背吃刀量一般取 0.1～0.5mm 较为合适。

4.4.7 编制工艺文件

4.4.7.1 加工刀具卡

零件加工刀具卡如表 4-4 所示。

表 4-4　　数控加工刀具卡片

产品名称		建筑提升机滚轮	零件名称	滚轮	零件图号	
序号	刀具号	刀具规格名称	数　量	加工表面	刀尖半径/mm	备　注
1	T01	95°右偏刀，副偏角35°的外圆车刀	1	外圆		
2	T02	宽度 2mm、深度25mm 切槽刀	1	内槽		
3	T03	ϕ16mm 内孔车刀	1	内孔		
4	T04	ϕ20mm 内孔车刀	1	内孔		

4.4.7.2 加工工序卡

零件的加工工序卡如表 4-5 所示。

表 4-5　　数控加工工序卡片

工步	工步内容	刀具号	刀具类型	主轴转速/(r/min)	进给速度/(mm/r)	背吃刀量/mm
1	车削左端面	T03	内孔车刀	400	0.15	1
2	粗车滚轮内孔	T03	内孔车刀	400	0.15	1
3	精车滚轮内孔	T04	内孔车刀	800	0.08	0.25

4.4.8 编制滚轮零件内孔加工的程序

根据零件的加工工序及走刀路线，计算零件的基点坐标编制滚轮零件的加工程序如表 4-6 所示。说明：此处只编制内孔加工程序。

表 4-6　　滚轮内孔加工程序

程　序		说　明
01000		程序名
N05	M03 S400 T0303	主轴正转，换 3 号内孔粗车刀刀具
N10	G00 X35	*X* 方向定位
N15	Z0	快进到切入点
N16	G01 X92 F0.15	平端面
N20	G00 Z2	*Z* 方向退刀
N25	X38	*X* 方向退刀
N30	G71 U1 R1.5	粗加工循环指令
N35	G71 P40 Q90 U-0.5 W0.25 F0.15	粗加工循环开始
N40	G00 X72	精加工内孔
N45	G01 Z0	
N50	Z-2	
N55	X58	

续表

程　　序		说　　明
N60	Z-4	精加工内孔
N65	X55	
N68	Z-30	
N70	X50	
N75	Z-32	
N80	X44	
N85	Z-48	
N90	X40 F0.3	
N95	G00 Z250	*Z* 方向退刀
N100	X100	退到换刀点
N105	T0300	取消 3 号刀刀补
N110	M00	程序暂停
N115	M03 S800	主轴正转,转速 800r/min
N120	T0404	换 4 号精车内孔车刀
N125	G00 X38 Z2	快进到切入点
N126	G70 P40 Q90	精加工循环
N130	G00 Z250	*Z* 方向退刀
N135	X100	*X* 方向退刀
N140	M30	程序结束

项目 5　滚轮零件内沟槽的数控加工

5.1　任务描述

建筑提升机的吊笼导向滚轮零件如图 5-1 所示，毛坯为锻件，材料为 45 钢。该滚轮零件主要由外轮廓、内孔、内槽组成。项目四完成了滚轮零件内孔的加工，本项目主要完成该零件中$\phi57\times2$ 和$\phi50\times2.5$ 两处内槽的加工。

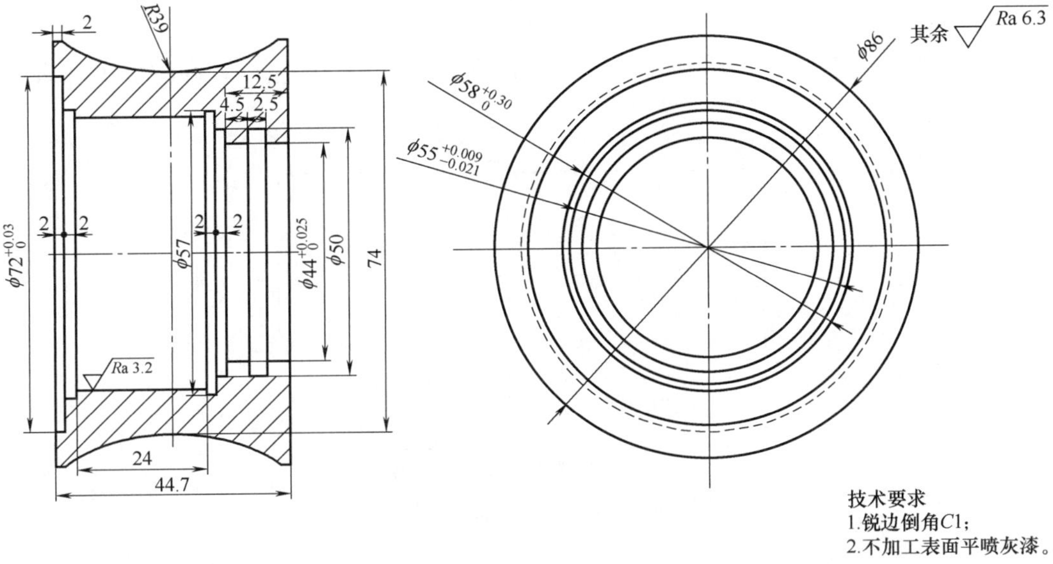

图 5-1　吊笼导向滚轮零件图

5.2　知识链接

车内槽用内沟槽刀，方法与外沟槽车削方法相似。宽度较小和要求不高的内沟槽，可用主切削刃宽度等于槽宽的内沟槽刀采用直进法一次车出，如图 5-2（a）所示。要求较高或较宽的内沟槽，可采用直进法分几次车出，粗车时，槽壁和槽底留精车余量，然后根据槽宽、槽深进行精车，如图 5-2（b）所示。若内沟槽深度较浅，宽度很大，可用内圆粗车刀先车出凹槽，再用内沟槽刀车沟槽两端垂直面，如图 5-2（c）所示。

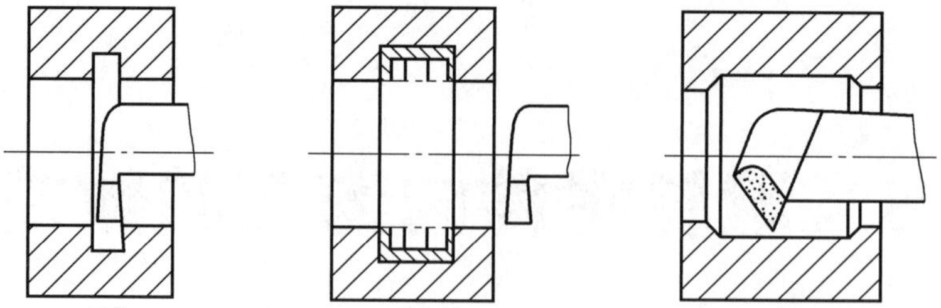

图 5-2 内沟槽的加工方式

（a）一次车出 （b）先粗车后精车 （c）先车凹槽再车沟槽

5.3 内沟槽编程实例

5.3.1 任务描述

如图 5-3 所示，内沟槽刀宽 4mm，工件坐标原点在右端面中心，编制内沟槽加工程序。

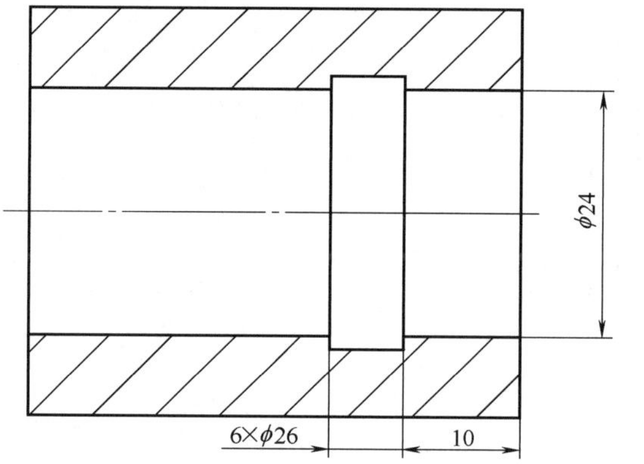

图 5-3 内沟槽零件图

5.3.2 工艺分析

此零件的内沟槽宽度为 6mm，深度为 2mm，选择 6mm 宽的槽刀一次加工。

5.3.3 编制内沟槽加工程序

参考程序：

O5050

…

G00 X22 Z5；

```
G01 Z-16 F0.1;
X26;
G04 X0.5;              槽底暂停 0.5s
G01 X22;
    Z-14;
G01 X26;
G04 X0.5;              槽底暂停 0.5s
G01 X22;
Z5
…
```

5.4 任务实施

5.4.1 零件工艺性分析

如图 5-1 所示，滚轮零件外形为圆弧回转曲面，内孔由多段台阶孔与槽孔组成，上道工序已经完成内孔的加工，本道工序主要完成内孔槽的加工。

5.4.2 确定走刀路线

滚轮内槽如图 5-4 所示，根据先近后远的加工原则，加工内槽的走刀路线确定为先加工ϕ57×2 的内槽，然后再加工ϕ50×2.5 的内槽，加工内槽时零件的装夹方案详见项目 4 中的“零件的装夹方案”。

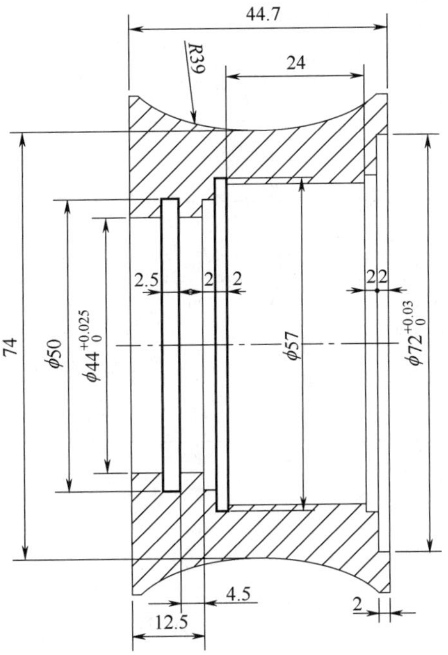

图 5-4　滚轮内槽图

5.4.3 加工刀具的选择

根据零件的加工要求，选择以下刀具加工内槽：

2 号刀——选用ϕ16mm，槽宽 2mm 内孔槽刀。

5.4.4 切削用量的选择

根据被加工表面质量要求、刀具材料和工件材料，参考工艺手册选取。

5.4.4.1 主轴转速

选择主轴转速为 400r/min，用这样的速度，能保证所加工部位的表面粗糙度。

5.4.4.2 进给速度

粗加工时进给速度采用 0.15mm/r，精加工采用 0.08mm/r，切槽时采用 0.08mm/r。

5.4.4.3 背吃刀量

背吃刀量的选择因粗、精加工而有所不同。背吃刀量一般取 0.1~0.5mm 较为合适。

5.4.5 编制滚轮零件内孔槽的加工程序

根据零件的加工工序及走刀路线，计算零件的基点坐标，编制滚轮内孔槽的加工程序如表 5-1 所示。说明：此处只编制槽加工程序。

表 5-1 滚轮内槽的加工程序

程序		说明
01000		程序名
N10	M03 S400	主轴正转,转速 400r/ min
N20	T0202	换 2 号内切槽刀
N30	G00X50Z2	快速定位到 X50Z2
N40	Z-30	Z 向定位到 ϕ57 槽的位置
N50	G01X57F0.08	车 ϕ57 槽
N60	X43F0.3	X 向退刀到 X43 的位置
N70	G00Z-38.5	Z 向快速定位到 Z-38.5 的位置
N80	G01X50F0.08	第一次车 ϕ50 槽
N90	X43F0.3	X 向退刀到 X43 的位置
N100	G00Z-39	Z 向快速定位到 Z-39 的位置
N110	G01X50F0.08	第二次车 ϕ50 槽
N120	X43F0.3	X 向退刀到 X43 的位置
N130	G00Z200	Z 向快速退刀到 Z200 的位置
N140	X200	X 向快速退刀到 X200 的位置
N150	M30	程序结束,并返回程序开头

项目 6　连接螺杆的数控加工

6.1　任务描述

加工如图 6-1 所示的连接螺杆零件。毛坯为尺寸ϕ26mm 棒料，材料为 45 钢，单件生产。

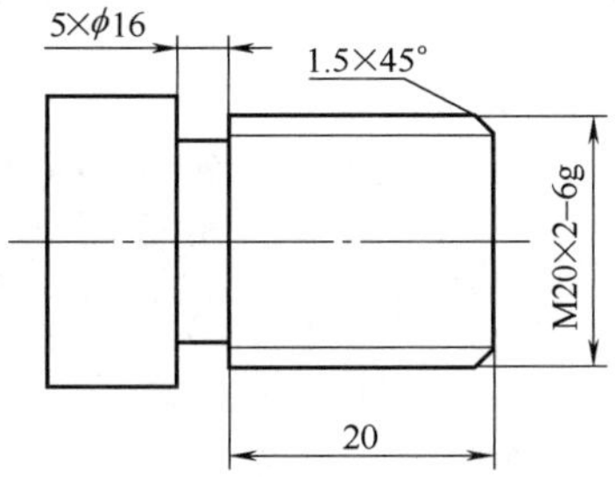

图 6-1　连接螺杆零件图

6.2　知识链接

6.2.1　螺纹加工的工艺知识

6.2.1.1　普通螺纹主要参数的计算

普通螺纹的主要参数有大径、中径、小径、螺距、牙形角、牙型高度等，如图 6-2 所示。以上参数也是车削螺纹时必须控制的部分。普通螺纹主要参数的计算公式如表 6-1 所示。

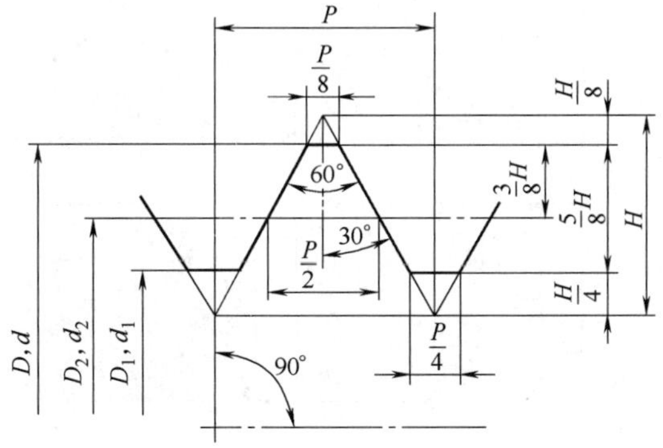

图 6-2　普通螺纹的主要参数

6.2.1.2　螺纹加工尺寸的确定

（1）车螺纹前直径尺寸的确定

① 外螺纹。加工外螺纹时，由于受车刀挤压后螺纹大径尺寸膨胀。因此，车

螺纹前的外圆直径应比螺纹大径小。当螺距为 1.5~3.5mm 时，车螺纹前的外圆直径应比螺纹大径小 0.2~0.4mm。

表 6-1　　　普通螺纹主要参数的计算公式

基本参数	外螺纹	内螺纹	计算公式
牙型角	α		$\alpha=60°$
螺纹大径(公称直径)	d	D	$d=D$
螺纹中径	d_2	D_2	$d_2=D_2=d-0.6495P$
螺纹小径	D_1	D_1	$D_1=D_1=d-1.0825P$
牙型高度	h_1		$h_1=0.5413P$
备注:式中 P 为螺距			

② 内螺纹。加工内螺纹时，由于受车刀挤压后内孔直径会缩小。所以，车削内螺纹前的孔径应比内螺纹小径略大。实际生产中，可按以下公式计算：

加工塑性金属材料时，$D_{底}\approx D-P$；

加工脆性金属材料时，$D_{底}\approx D-1.05P$；

式中：P——螺距，mm。

(2) 螺纹轴向起点和终点尺寸的确定

由于车螺纹起始时有一个加速过程，结束前有一个减速过程，在这两段距离中，螺距不可能保持均匀。因此车螺纹时，两端必须设置足够的升速进刀段（空刀导入量）δ_1 和减速退刀段（空刀导出量）δ_2，如图 6-3 所示。

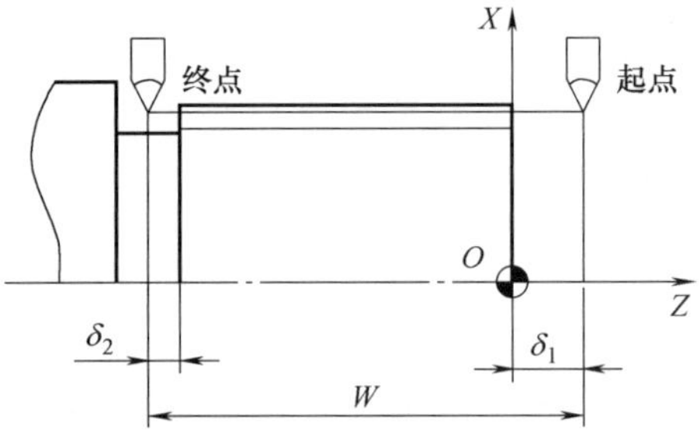

图 6-3　螺纹加工的导入、导出量

δ_1、δ_2 一般按下式选取：

$\delta_1\geqslant 1\times$导程；

$\delta_2\geqslant 0.75\times$导程

6.2.1.3　螺纹的加工方法

(1) 螺纹加工方法

影响螺纹加工方法的因素有：加工外螺纹还是加工内螺纹、主轴旋向和螺纹旋向、刀具进给方向等。常用的螺纹加工方法如图 6-4 所示。

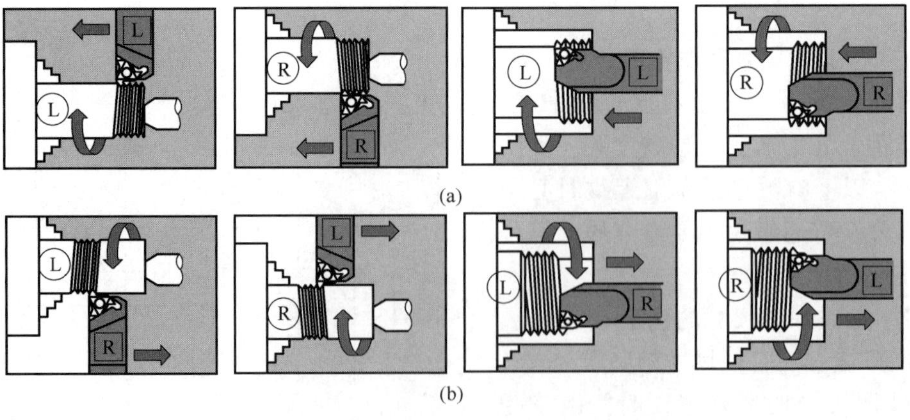

图 6-4　常用的螺纹加工方法

图6-4中：Ⓛ和Ⓡ表示螺纹旋向；L和R表示左手刀和右手刀。

（2）进刀方式

常见的螺纹加工进刀方式如图6-5所示。

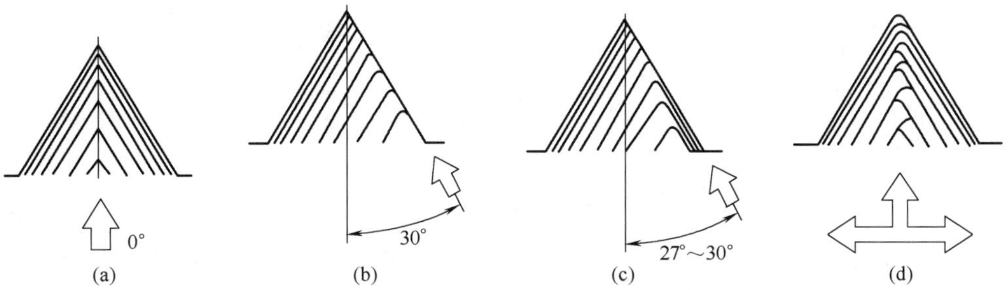

图6-5　螺纹加工进刀方式

（a）径向进刀方式　（b）侧向进刀方式　（c）改良侧向进刀方式　（d）左右交替进刀方式

① 径向进刀方式。径向进刀方式如图6-5（a）所示，刀片两侧刃同时切削，切削力较大，排屑困难，主要适用于加工螺距较小的螺纹。

② 侧向进刀方式。侧向进刀方式如图6-5（b）所示，是单刃切削，切削力较小，易于排屑，主要适用于加工螺距较大的螺纹。但加工时，刀片可能有拖曳或摩擦的现象而使刃口崩裂，另外，切屑的单向排出会破坏另一侧牙面的表面质量。

③ 改良侧向进刀方式。改良侧向进刀方式如图6-5（c）所示。该种进刀方式集中了前两种进刀方式的优点，既减小了切削力，又避免了牙面表面质量的下降。

④ 左右交替进刀方式。左右交替进刀方式如图6-5（d）所示。由于刀片两侧刃平均使用，延长了刀片的使用寿命。该种进刀方式一般用于螺距大于3mm的螺纹和梯形螺纹的加工。

（3）螺纹切削的进刀次数和背吃刀量

螺纹切削加工为成型车削，切削进给量较大，而刀具强度较差。因此，一般要求分数次进给加工。常用的螺纹切削进刀次数和背吃刀量，如表6-2所示。

表6-2　　常用的螺纹切削进刀次数和背吃刀量

公制螺纹								
螺距/mm		1.0	1.5	2	2.5	3	3.5	4
牙深(半径值)/mm		0.649	0.974	1.299	1.624	1.949	2.273	2.598
切削次数及背吃刀量(直径值)/mm	1次	0.7	0.8	0.9	1.0	1.2	1.5	1.5
	2次	0.4	0.6	0.6	0.7	0.7	0.7	0.8
	3次	0.2	0.4	0.6	0.6	0.6	0.6	0.6
	4次		0.16	0.4	0.4	0.4	0.6	0.6
	5次			0.1	0.4	0.4	0.4	0.4
	6次				0.15	0.4	0.4	0.4
	7次					0.2	0.2	0.4
	8次						0.15	0.3
	9次							0.2

6.2.1.4 螺纹加工刀具

(1) 常用螺纹加工刀具

普通螺纹加工常用刀具，如图 6-6 所示。

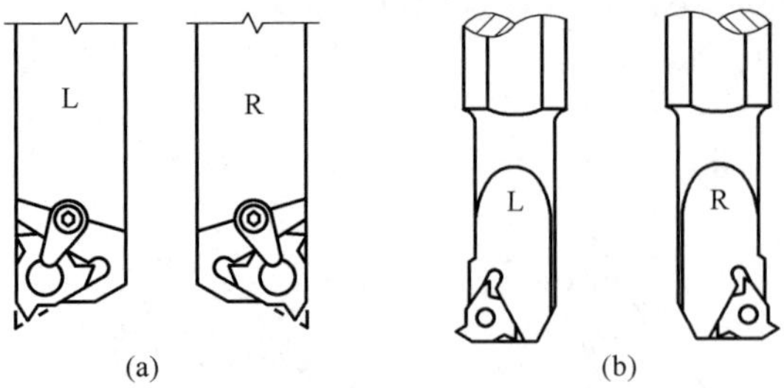

图 6-6 常用螺纹刀

(2) 螺纹刀片

螺纹车刀常用刀片形式，如图 6-7 所示。如图 6-7（a）所示为全牙型螺纹刀片，其尺寸是按照螺纹标准制定的，同一刀片只能加工一种螺距的螺纹，但最后一刀能加工出准确的螺纹牙形，不需要再去毛刺。如图 6-7（b）所示为无牙顶螺纹刀片，同一刀片能加工规定范围内的不同螺距的螺纹，对非标准螺纹的加工有较大的柔性。

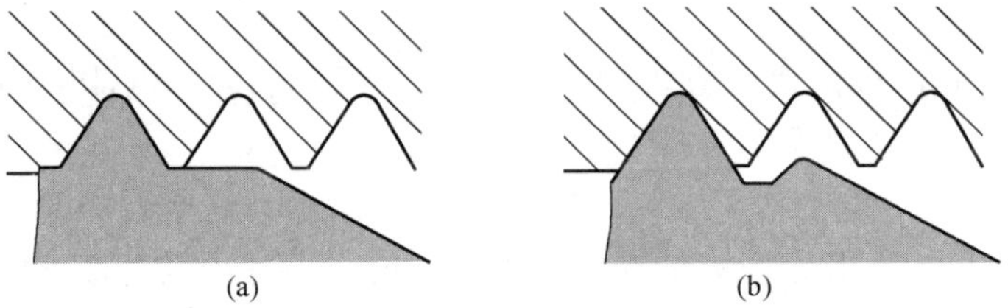

图 6-7 螺纹刀片形式

（a）全牙型螺纹刀片 （b）无牙顶螺纹刀片

(3) 螺纹车刀的安装

螺纹车刀的刀尖角度直接决定了螺纹的成型和螺纹的精度。安装螺纹车刀时，车刀的刀尖角平分线应与工件轴线垂直，装刀时可用对刀样板调整，如图 6-8（a）所示。如果把车刀装歪，会使车出的螺纹两牙型半角不相等，产生如图 6-8（b）所示的歪斜牙型（俗称“倒牙”）。

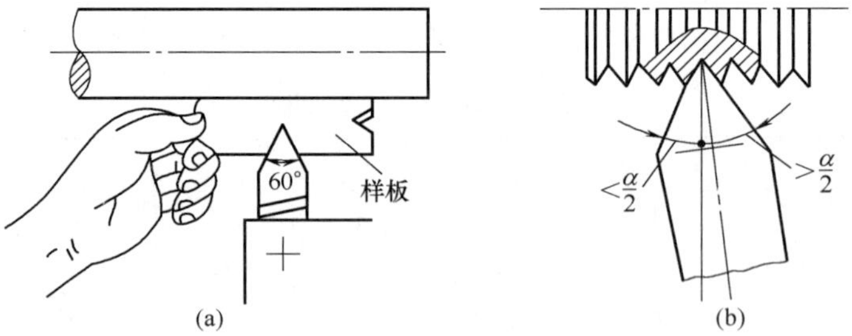

图 6-8 螺纹刀的安装

（a）用对刀样板调整 （b）倒牙

6.2.2 编程指令

6.2.2.1 基本螺纹切削指令（G32）

指令格式：G32 X(U) __ Z(W) __ F __;

式中：X、Z——螺纹终点的绝对坐标；

U、W——螺纹终点相对起点的增量坐标；

F——螺纹导程。

指令说明：

① 车螺纹期间的进给速度倍率、主轴速度倍率无效（固定100%）。

② 车螺纹期间不要使用恒线速度控制，而要使用G97。

③ 必须设置足够的升速进刀段和减速退刀段，避免因车刀升/降速而影响螺距的稳定。

④ 因受车床结构及数控系统的影响，车螺纹时主轴的转速有一定的限制。

⑤ 加工圆锥螺纹时，在 X 方向和 Z 方向有不同的导程，程序中的导程 F 的取值以两者中较大的为准。

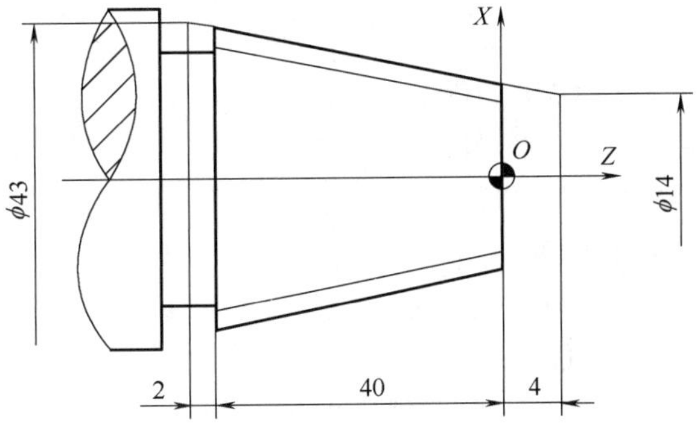

图6-9　锥螺纹加工

【例6-1】　如图6-9所示零件，用G32指令加工圆锥螺纹。螺纹的 Z 向螺距为2.5mm。

（1）相关数据确定

查表6-2，牙深1.624mm（半径值），共进刀6次，背吃刀量（直径值）分别为：1mm、0.7mm、0.6mm、0.4mm、0.4mm、0.15mm。

（2）参考程序

```
O6010
N10 T0303;                      选择3号刀，建立刀补
N20 M03 S800;                   启动主轴，转速800r/min
N30 G00 X55 Z5;                 快进至进刀点
N40 X50 Z4;                     快进至螺纹加工起点
N50 G00 X13;                    第一次进刀，切深1mm
N60 G32 X42 Z-42 F2.5;          切削螺纹
N70 G00 X50;                    X向退刀
N80 Z4;                         Z向退刀
N90 G00 X12.3;                  第二次进刀，切深0.7mm
N100 G32 X41.3 Z-42 F2.5;       切削螺纹
N110 G00 X50;                   X向退刀
N120 Z4;                        Z向退刀
N130 G00 X11.7;                 第三次进刀，切深0.6mm
N140 G32 X40.7 Z-42 F2.5;       切削螺纹
N150 G00 X50;                   X向退刀
N160 Z4;                        Z向退刀
```

N170 G00 X11.3; 第四次进刀，切深 0.4mm
N180 G32 X40.3 Z-42 F2.5; 切削螺纹
N190 G00 X50; *X* 向退刀
N200 Z4; *Z* 向退刀
N210 G00 X10.9; 第五次进刀，切深 0.4mm
N220 G32 X39.9 Z-42 F2.5; 切削螺纹
N230 G00 X50; *X* 向退刀
N240 Z4; *Z* 向退刀
N250 G00 X10.75; 第六次进刀，切深 0.15mm
N260 G32 X39.75 Z-42 F2.5; 切削螺纹
N270 G00 X100; *X* 向退刀
N280 Z100 M05; *Z* 向退刀，停主轴
N290 T0300; 取消 3 号刀刀补
N300 M30; 程序结束

6.2.2.2 螺纹固定循环指令（G92）

指令格式：G92 X(U) __ Z(W) __ R __ F __;

式中：X、Z——螺纹终点的绝对坐标；

U、W——螺纹终点相对循环起点的增量坐标；

R——为圆锥螺纹切削起点和切削终点的半径差；当 R=0，为圆柱螺纹，可省略；

F——螺纹导程。

G92 螺纹固定循环指令的刀具轨迹如图 6-10 所示。加工时，只需一条指令，刀具便可加工完成 4 个轨迹的工作环节，大大优化了程序编制。

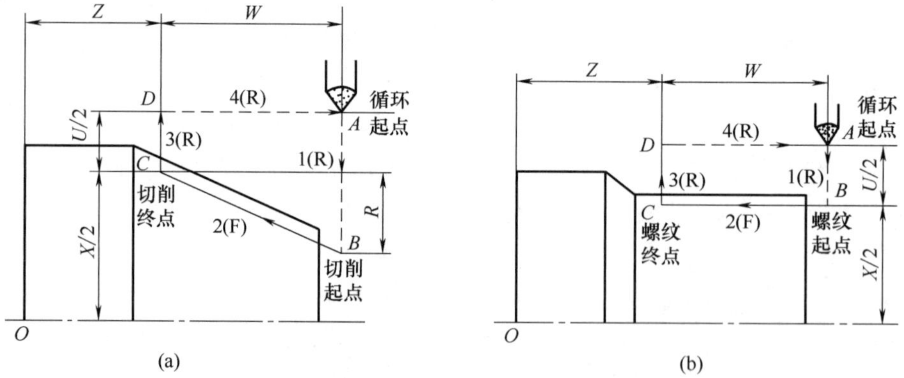

图 6-10 螺纹固定循环指令 G92 刀具轨迹

【例 6-2】 用 G92 指令加工如图 6-9 所示圆锥螺纹。螺纹的 *Z* 向螺距为 2.5mm。

参考程序：

O6020

N10 T0303; 选择 3 号刀，建立刀补

N20 M03 S800;	启动主轴，转速 800r/min
N30 G00 X55 Z5;	快进至进刀点
N40 X50 Z4;	快进至螺纹加工起点
N50 G92 X42 Z-42 R-14. 5 F2. 5;	第一次螺纹切削循环，切深 1mm
N60 G92 X41. 3 Z-42 R-14. 5 F2. 5;	第二次螺纹切削循环，切深 0. 7mm
N70 G92 X40. 7 Z-42 R-14. 5 F2. 5;	第三次螺纹切削循环，切深 0. 6mm
N80 G92 X40. 3 Z-42 R-14. 5 F2. 5;	第四次螺纹切削循环，切深 0. 4mm
N90 G92 X39. 9 Z-42 R-14. 5 F2. 5;	第五次螺纹切削循环，切深 0. 4mm
N100 G92 X39. 75 Z-42 R-14. 5 F2. 5;	第六次螺纹切削循环，切深 0. 15mm
N110 G00 X100 Z100 M05;	快速退刀，停主轴
N120 T0300;	取消 3 号刀刀补
N130 M30;	程序结束

6. 2. 2. 3 螺纹复合循环指令（G76）

指令格式：G76 P(m)(r)(α) Q(Δd_{min}) R(d);

G76 X(U) Z(W) R(i) P(k) Q(Δd) F__

式中：m——精车重复次数，从 01~99，用两位数表示，该参数为模态量；

r——斜向退刀量（螺纹尾端倒角值），该参数为模态量；

α——刀尖角度，可从 80°、60°、55°、30°、29°、0°六个角度中选择，用两位整数来表示，该参数为模态量；

Δd_{min}——最小车削深度，半径值，μm，该参数为模态量；

d——精车余量，半径值，μm，该参数为模态量；

X、Z——螺纹终点的绝对坐标；

U、W——螺纹终点相对循环起点的增量坐标；

i——螺纹锥度值，半径值。当 i=0，为圆柱螺纹，可省略；

k——螺纹高度，用半径编程指定，μm；

Δd——第一次车削深度，半径值，μm；

F——螺纹导程。

螺纹复合循环指令 G76 的刀具轨迹和进刀方式如图 6-11 所示。

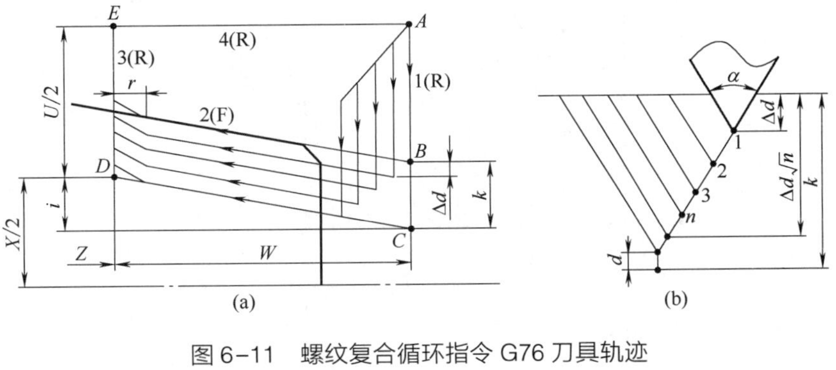

图 6-11 螺纹复合循环指令 G76 刀具轨迹

(a) 刀具轨迹 (b) 进刀方式

【例 6-3】 加工如图 6-12 所示的圆柱螺纹。螺纹高度为 3.68mm，螺距为 6mm，第一次车削深度 1.8mm，精车余量 0.2mm，最小车削深度 0.1mm。

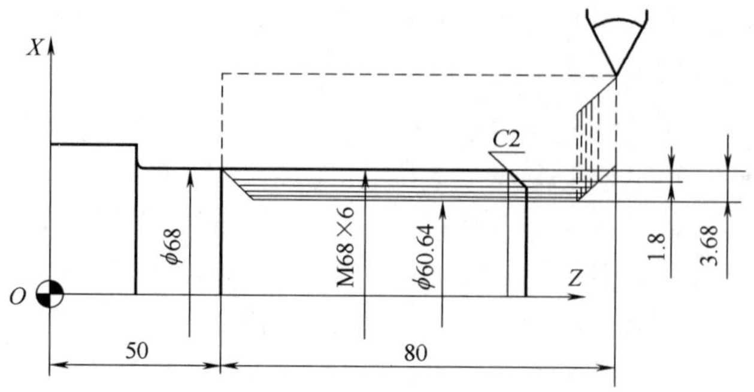

图 6-12 G76 加工实例

参考程序：

```
O6030
…
N100 G76 P011060 Q100 R60;
N110 G76 X60.64 Z50 R0 P3680 Q1800 F6;
…
```

6.3 螺纹编程实例

加工如图 6-13 所示的零件，毛坯为ϕ52mm 棒料，材料为 45 钢，编制数控加工程序。

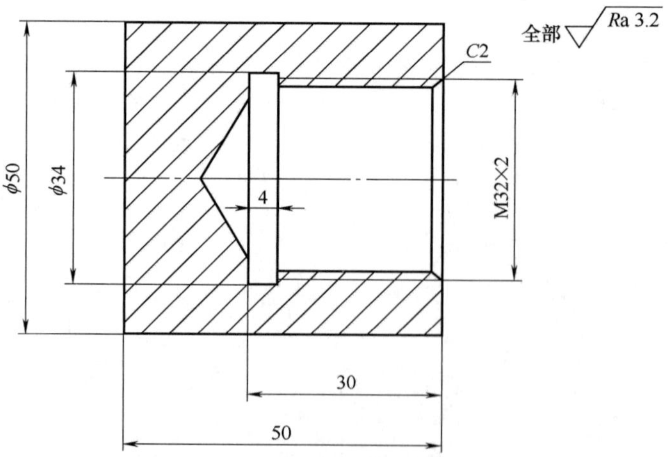

图 6-13 螺纹零件图

6.3.1 加工工艺的确定

6.3.1.1 分析零件图样

如图6-13所示，该零件由外圆柱面、内沟槽、倒角及内螺纹构成。所有表面的粗糙度值为 $Ra3.2\mu m$。

6.3.1.2 工艺分析

（1）加工方案的确定

根据零件的加工要求，各表面的加工方案确定为：粗车→精车。

（2）确定装夹方案

工件是棒料，为回转体，采用三爪自定心卡盘装夹。

（3）确定加工工序

加工工序如表6-3所示。

表6-3 数控加工工序卡片

数控加工工序卡片			产品名称	零件名称	材料	零件图号	
					45钢		
工序号	程序编号	夹具名称	夹具编号	使用设备		车间	
工步号	工步内容		刀具号	主轴转速/(r/min)	进给速度/(mm/r)	背吃刀量/mm	备注
装夹1：夹住棒料一头，留出长度大约60mm，车端面（手动操作），对刀，调用程序							
1	手工操作钻中心孔		T0606	1000			
2	手工操作钻 $\phi28$ 孔		T0707	250		14	深30mm
3	粗车 $\phi50$ 外圆		T0101	500	0.2	0.7	
4	精车 $\phi50$ 外圆		T0101	800	0.1	0.3	
5	镗孔		T0202	600	0.15	1	
6	车内沟槽		T0303	250	0.08	4	
7	车内螺纹		T0404	600			
8	切断		T0505	600	0.1	4	
装夹2：掉头，平端面，保证总长							

（4）进给路线的确定

6.3.1.3 刀具及切削参数的确定

刀具及切削参数的确定，如表6-4所示。

6.3.2 参考程序编制

6.3.2.1 工件坐标系的建立

以工件右端面与轴线的交点为编程原点建立工件坐标系。

表 6-4　　数控加工刀具卡片

数控加工刀具卡片	工序号	程序编号	产品名称	零件名称	材　料	零件图号
					45 钢	

序号	刀具号	刀具名称及规格	刀尖半径/mm	加工表面	备注
1	T0101	95°右偏外圆刀	0.8 1	外圆、端面	硬质合金
2	T0202	镗刀	0.8	内表面	硬质合金
3	T0303	内切槽刀(B=4)	0.4	内沟槽	高速钢
4	T0404	内螺纹刀		内螺纹	硬质合金
5	T0505	切断刀(B=4)		切断	硬质合金
6	T0606	ϕ5 中心钻		钻中心孔	高速钢
7	T0707	ϕ28 钻头		钻ϕ28 底孔	高速钢

6.3.2.2 基点坐标计算

基点坐标计算略。

6.3.2.3 参考程序

参考程序如表 6-5 所示。

表 6-5　　参考程序

程　序		说　明
O6040		程序名
N10	T0101	选择 1 号刀,建立刀补
N20	M03 S500	启动主轴,转速 500r/min
N30	G00 X60 Z5	快进至进刀点
N40	X54 Z1	快进至 G90 循环起点
N50	G90 X50.6 Z-55 F0.2	粗车ϕ50 外圆
N60	M03 S800	主轴变速(精车转速 800r/min)
N70	G90 X50 Z-55 F0.1	精车ϕ50 外圆
N80	G00 X100 Z100 M05	返回换刀点,停主轴
N90	T0100	取消 1 号刀刀补
N100	T0202	选择 2 号刀,建立刀补
N110	M03 S600	启动主轴,转速 600r/min
N120	G00 X55 Z5	快进至进刀点
N130	X27 Z1	快进至 G71 复合循环起点
N140	G71 U1 R1	G71 循环粗加工内表面
N150	G71 P160 Q180 U-0.6 W0.1 F0.15	
N160	G00 X36 Z1	径向进刀
N170	G01 X30 Z-2	车倒角
N180	Z-27	车ϕ30 螺纹底孔

续表

程　　序		说　　明
N190	G70 P160 Q180	G70 循环精加工内表面
N200	G00 Z100	Z 向快速退刀
N210	G00 X100 M05	X 向快速退刀,停主轴
N220	T0200	取消 2 号刀刀补
N230	T0303	选择 3 号刀,建立刀补(左刀尖为刀位点)
N240	M03 S250	启动主轴,转速 250r/min
N250	G00 X55 Z5	快进至进刀点
N260	X28 Z2	接近工件
N270	Z-28	轴向进刀
N280	Z-30 F0.1	切槽起点
N290	X34 F0.08	车内沟槽
N300	X28 F1	X 向退刀
N310	G00 Z100	Z 向快速退刀
N320	X100 M05	X 向快速退刀,停主轴
N330	T0300	取消 3 号刀刀补
N340	T0404	选择 4 号刀,建立刀补
N350	M03 S600	启动主轴,转速 600r/min
N360	G00 X55 Z5	快进至进刀点
N370	X28 Z2	快进至 G92 循环起点
N380	G92 X30.5 Z-27.5 F2	切螺纹循环,第一刀
N390	X31.1	切螺纹循环,第二刀
N400	X31.5	切螺纹循环,第三刀
N410	X31.9	切螺纹循环,第四刀
N420	X32	切螺纹循环,第五刀
N430	G00 Z100	Z 向快速退刀
N440	X100 M05	X 向快速退刀,停主轴
N450	T0400	取消 4 号刀刀补
N460	T0505	选择 5 号刀,建立刀补(左刀尖为刀位点)
N470	M03 S600	启动主轴,转速 600r/min
N480	G00 X55 Z5	快进至进刀点
N490	Z-54.4	快进至切断起点,总长留 0.4mm 余量
N500	G01 X50.2 F0.5	径向接近工件
N510	X0 F0.1	切断工件
N520	G00 X100	X 向快速退刀
N530	Z100 M05	Z 向快速退刀,返回换刀点,停主轴
N540	T0500	取消 5 号刀刀补
N550	M30	程序结束
备注:如果采用四方刀架,由于刀位不够,加工过程中需要更换刀具。		

6.4 任务实施

加工如图 6-1 所示的连接螺杆零件。毛坯为尺寸ϕ26mm 棒料，材料为 45 钢，单件生产。

6.4.1 加工工艺的确定

6.4.1.1 分析零件图样

如图 6-1 所示，该零件由外圆柱面、沟槽、倒角及外螺纹构成。所有表面的粗糙度值为 Ra3.2μm。

6.4.1.2 工艺分析

(1) 加工方案的确定

根据零件的加工要求，加工方案确定为：粗车外圆→精车外圆→车槽→车螺纹。

(2) 确定装夹方案

工件是棒料，为回转体，采用三爪自定心卡盘装夹。

(3) 确定加工工序

加工工序如表 6-6 所示。

表 6-6　数控加工工序卡片

数控加工工序卡片			产品名称	零件名称	材料	零件图号	
					45 钢		
工序号	程序编号	夹具名称	夹具编号	使用设备		车间	
工步号	工步内容		刀具号	主轴转速/(r/min)	进给速度/(mm/r)	背吃刀量/mm	备注
装夹 1:夹住棒料一头,留出长度大约 60mm,车端面(手动操作),对刀,调用程序							
1	粗车ϕ20 外圆		T0101	500	0.2	0.7	
2	精车ϕ20 外圆		T0101	800	0.1	0.3	
3	车槽		T0202	250	0.08	4	
4	车螺纹		T0303	600			

(4) 进给路线的确定

6.4.1.3 刀具及切削参数的确定

刀具及切削参数的确定，如表 6-7 所示。

6.4.2 参考程序编制

6.4.2.1 工件坐标系的建立

以工件右端面与轴线的交点为编程原点建立工件坐标系。

表 6-7　　数控加工刀具卡

数控加工刀具卡片		工序号	程序编号	产品名称	零件名称	材　料	零件图号
						45 钢	
序号	刀具号	刀具名称及规格		刀尖半径/mm	加工表面	备注	
1	T0101	95°右偏外圆刀		0.8 1	外圆、端面	硬质合金	
2	T0202	切槽刀（$B=4$）		0.4	槽	高速钢	
3	T0303	外螺纹刀			外螺纹	硬质合金	

6.4.2.2　基点坐标计算

基点坐标计算略。

6.4.2.3　参考程序

参考程序如表 6-8 所示。

表 6-8　　参考程序

程　　序		说　　明
O6050		程序名
N10	T0101	选择 1 号刀，建立刀补
N20	M03 S500	启动主轴，转速 500r/min
N30	G00 X30 Z5	快进至进刀点
N40	X26 Z2	快进至 G90 循环起点
N50	G90 X24 Z-30 F0.2	粗车 ϕ20 外圆
N60	X22	
N70	X20.5	
N80	M03 S800	主轴变速（精车转速 800r/min）
N90	G00 X30 Z2	快进至 G90 循环起点
N100	G90 X20 Z-30 F0.1	精车 ϕ50 外圆
N110	G00 X100 Z100 M05	返回换刀点，停主轴
N120	T0100	取消 1 号刀刀补
N130	T0202	选择 2 号刀，切槽
N140	M03 S600	启动主轴，转速 600r/min
N150	G00 X30 Z-24	快进至进刀点
N160	G01 X16 F0.2	车槽
N170	X36	X 向退刀
N180	G00 Z2	Z 向退刀
N190	G00 Z100	Z 向快速退刀
N200	G00 X100 M05	X 向快速退刀，停主轴
N210	T0200	取消 2 号刀刀补
N220	T0303	选择 3 号刀，建立刀补

续表

程	序	说　明
N230	M03 S250	启动主轴,转速 250r/min
N240	G00 X55 Z5	快进至进刀点
N250	X28 Z2	快进至 G92 循环起点
N270	G92 X19 Z-22 F2	切螺纹循环,第一刀
N280	X18	切螺纹循环,第二刀
N290	X17.6	切螺纹循环,第三刀
N300	X17.4	切螺纹循环,第四刀
N310	G00 Z100	*Z* 向快速退刀
N320	X100 M05	*X* 向快速退刀,停主轴
N330	T0300	取消 3 号刀刀补
N340	M30	程序结束

项目 7　支撑座的平面数控加工

7.1　任务描述

加工如图 7-1 所示的建筑提升机支撑座零件的上、下表面。毛坯为 105mm×105mm×45mm 的正方块，材料为 45 钢，单件生产。

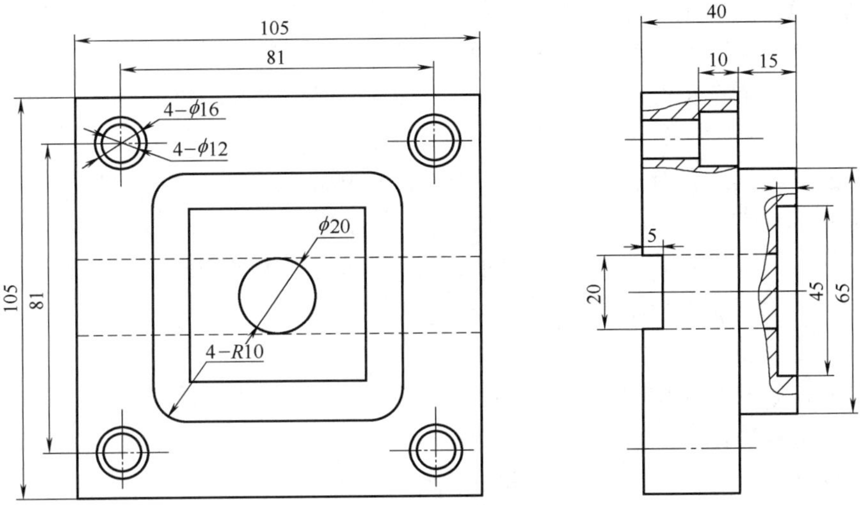

图 7-1　支撑座零件图

7.2　知识链接

7.2.1　平面铣削的工艺知识

7.2.1.1　平面铣削的加工方法

平面铣削的加工方法主要有周铣和端铣两种。以立式数控铣床为例，用分布于铣刀圆柱面上的刀齿进行的铣削称为周铣，如图 7-2（a）所示；用分布于铣刀端面上的刀齿进行的铣削称为端铣，如图 7-2（b）所示。平面铣削时端铣更容易获得较高的表面质量和加工效率。

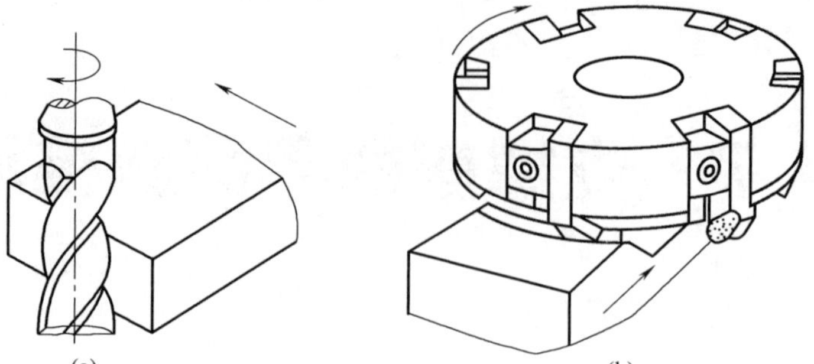

(a) (b)

图 7-2 周铣和端铣

（a）周铣 （b）端铣

7.2.1.2 平面铣削的刀具

选择刀具通常需要考虑机床的加工性能、工序内容以及工件材料等内容。数控加工不仅要求刀具的精度高、刚性好、耐用度高；而且要求尺寸稳定，安装调整方便。数控铣床兼作粗、精铣削，粗铣时要选强度高、耐用度高的刀具，以满足粗铣时大吃刀量、大进给量的要求；精铣时要选精度高、耐用度高的刀具，以保证加工精度的要求。此外，为减少换刀时间和方便对刀，应尽可能采用机夹刀和机夹刀片。

平面铣削的刀具主要有立铣刀［图 7-2（a）］和面铣刀［图 7-2（b）］。

（1）立铣刀

立铣刀的圆周表面和端面上都有切削刃，圆周切削刃为主切削刃，主要用来铣削台阶面。一般$\phi20\sim\phi70$mm 的立铣刀铣削台阶面的质量较好。

（2）面铣刀

面铣刀的圆周表面和端面上都有切削刃，端部切削刃为主切削刃，主要用来铣削大平面，以提高加工效率。

① 面铣刀直径的选择。面铣刀的直径可参照下式选择：

$$D=(1.7\sim1.6)B$$

式中：D——面铣刀直径，mm；

B——铣削宽度，mm。

其选择依据可参考表 7-1。

表 7-1　面铣刀直径的数值

铣削宽度 B/mm	70	60	80	100	120	150	200
铣刀直径 D/mm	50~63	80~100	100~125	125~160	160~200	200~250	250~315

② 面铣刀齿数的选择。硬质合金面铣刀的齿数因粗齿、中齿及细齿而异（表 7-2）。粗齿面铣刀适用于钢件的粗铣，中齿面铣刀适用于铣削带有断续表面的铸件或对钢件的连续表面进行粗铣及精铣，细齿面铣刀适宜在机床功率足够的情况下对铸件进行粗铣或精铣。

表 7-2　　硬质合金面铣刀的齿数

铣刀直径 D/mm		50	63	80	100	125	160	200	250	315	700	500	630
齿数/个	粗齿	—	3	7	5	6	8	10	12	16	20	26	32
	中齿	3	7	5	6	8	10	12	16	20	26	37	70
	细齿	—	—	8	10	12	18	27	32	70	52	67	80

7.2.1.3　平面铣削的切削参数

数控编程时，编程人员必须确定每道工序的切削用量，并以指令的形式写入程序中。如图 7-3 所示，铣削加工的切削参数包括切削速度（v_c）、进给速度（v_f）、背吃刀量（a_p）和侧吃刀量（a_e）。切削用量的选择标准是：在保证零件加工精度和表面粗糙度的前提下，充分发挥刀具的切削性能，保证合理的刀具耐用度并充分发挥机床的性能，最大限度地提高生产率，降低成本。

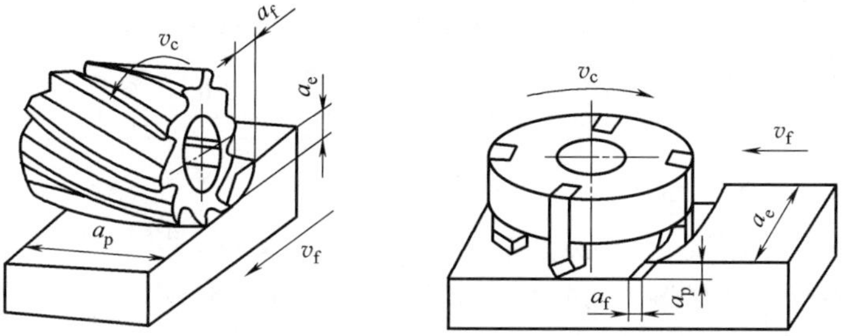

图 7-3　铣削用量
（a）端铣　（b）周铣

粗、精加工时切削用量的选择原则如下：粗加工时，一般以提高生产率为主，首先选择较大的吃刀量和进给量，然后确定适当的切削速度；半精加工和精加工时，以保证加工质量为主，采用小的吃刀量和进给量，在保证刀具磨损极限的条件下，尽可能采用大的切削速度。

（1）背吃刀量（端铣）或侧吃刀量（圆周铣削）的选择

背吃刀量 a_p 为平行于铣刀轴线测量的切削层尺寸，单位 mm。端铣时，a_p 为切削层深度；圆周铣削时，a_p 为被加工表面的宽度。

侧吃刀量 a_e 为垂直于铣刀轴线测量的切削层尺寸，单位 mm。端铣时，a_e 为被加工表面的宽度；圆周铣削时，a_e 为切削层深度。

背吃刀量和侧吃刀量的选取主要由加工余量和对表面质量的要求决定：

① 在要求工件表面粗糙度值 *Ra* 为 12.5~25μm 时，如果圆周铣削的加工余量小于 5mm，端铣的加工余量小于 6mm，粗铣一次进给就可以达到要求。但余量较大、数控铣床刚性较差或功率较小时，可分两次进给完成。

② 在要求工件表面粗糙度值 *Ra* 为 3.2~12.5μm 时，可分粗铣和半精铣两步进行，粗铣的背吃刀量与侧吃刀量取同。粗铣后留 0.5~1mm 的余量，在半精铣时完成。

③ 在要求工件表面粗糙度值 *Ra* 为 0.8~3.2μm 时，可分为粗铣、半精铣和精铣三步进行。半精铣时背吃刀量与侧吃刀量取 1.5~2mm，精铣时，圆周铣削侧吃刀量可取 0.3~0.5mm，端铣背吃刀量取 0.5~1mm。

(2) 进给速度 v_f 的选择

进给速度 v_f 与每齿进给量 f_z 有关。即

$$v_f = nZf_z$$

式中：v_f——进给速度，mm/min；

n——主轴转速，r/min；

Z——铣刀齿数；

f_z——每齿进给量，mm/z。

每齿进给量是数控铣床加工中的重要切削参数，根据零件的表面粗糙度、加工精度要求、刀具及工件材料等因素，参考切削用量手册或表 7-3 选取。

表 7-3　　铣刀每齿进给量

工件材料	每齿进给量/(mm/z)			
	粗铣		精铣	
	高速钢铣刀	硬质合金铣刀	高速钢铣刀	硬质合金铣刀
钢	0. 01~0. 15	0. 10~0. 25	0. 02~0. 05	0. 10~0. 15
铸铁	0. 12~0. 20	0. 15~0. 30		

(3) 切削速度 v_c 的选择

切削速度与刀具耐用度、每齿进给量、吃刀量以及铣刀齿数 Z 成反比，而与铣刀直径成正比，此外还与工件材料、刀具材料和加工条件等因素有关。

表 7-4 为铣削速度 v_c 的推荐范围。

表 7-4　　铣削时的切削速度 v_c

工件材料	硬度 HBS	切削速度 v_c/(m/min)	
		高速钢铣刀	硬质合金铣刀
钢	<225	18~72	66~150
	225~324	12~36	57~120
	325~725	6~21	36~75
铸铁	<190	21~36	66~150
	190~259	9~18	75~90
	260~320	7. 5~10	21~30

实际编程中，切削速度确定后，还要计算出主轴转速，其计算公式为：

$$n = 1000v_c/(\pi D)$$

式中：v_c——切削线速度，m/min；

n——主轴转速，r/min；

D——刀具直径，mm。

计算的主轴转速最后要参考机床说明书查看机床最高转速是否能满足需要。

7. 2. 2　编程指令

7. 2. 2. 1　有关单位的设定

(1) 尺寸单位指令 (G21、G20)

功能：G21 为米制尺寸单位设定指令，G20 为英制尺寸单位设定指令。

说明：

① G20、G21 必须在设定坐标系之前，并在程序的开头以单独程序段指定。

② 在程序段执行期间，均不能切换米、英制尺寸输入指令。

③ G20、G21 均为模态有效指令。

（2）进给速度单位设定指令（G97、G95）

① 每分钟进给模式（G97）。

指令格式：G97 F __；

功能：该指令指定进给速度单位为每分钟进给量（mm/min），G97 为模态指令。

② 每转进给模式（G95）。

指令格式：G95 F __；

功能：该指令指定进给速度单位为每转进给量（mm/r），G95 为模态指令。

【例 7-1】 G97 G01 X10 F200；表示进给速度为 200mm/min。

G95 G01 X10 F0. 2；表示进给速度为 0. 2mm/r。

7. 2. 2. 2　有关坐标系的指令

（1）工件坐标系设定指令（G92）

指令格式：G92 X __ Y __ Z __；

式中：X、Y、Z——当前刀位点在新建工件坐标系中的初始位置。

指令说明：

① 一旦执行 G92 指令建立坐标系，后续的绝对值指令坐标位置都是此工件坐标系中的坐标值。

② G92 指令必须跟坐标地址字，须单独一个程序段指定，且一般写在程序开始。

③ 在执行指令之前必须先进行对刀，通过调整机床，将刀尖放在程序所要求的起刀点位置上。

④ 执行此指令时刀具并不会产生机械位移，只建立一个工件坐标系。

⑤ 用 G92 指令设定工件坐标系时，程序起点和终点必须一致，这样才能保证重复加工不乱刀。

⑥ 采用 G92 设定的工件坐标系不具有记忆功能，当机床关机后，设定的坐标系立即失效。

【例 7-2】 如图 7-4 所示，坐标系设定指令为：G92 X20 Y10 Z10；

其确立的加工原点在距离刀具起始点 $X=-20$，$Y=-10$，$Z=-10$ 的位置上。使用时必须预先将刀具放置在工件坐标系下 X20 Y10 Z10 的位置，才能建立正确的坐标系。也就是说，执行 G92 时，机床不产生任何运动，只是记忆距离刀具当前位置 $X=-20$，$Y=-10$，$Z=-10$ 的那个点作为工件坐标系原点。在后面程序中如果使用 G90 模式，坐标都是相对于 G92 指令记忆的那个工件坐标系原点而言的。

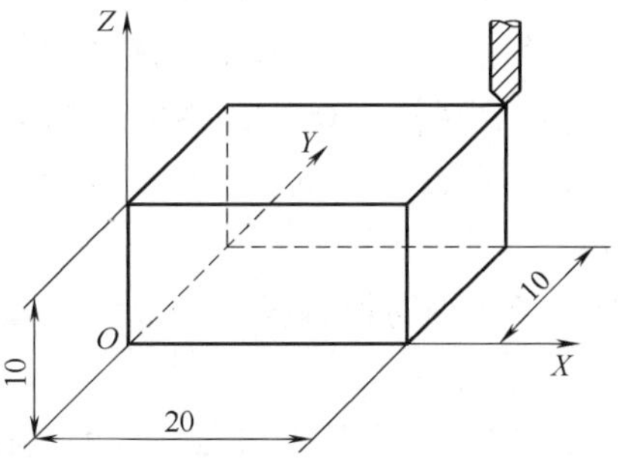

图 7-4　G92 设置加工坐标系

（2）工件坐标系选择指令（G54~G59）

指令格式：G54~G59 G90 G00（G01）X __ Y __ Z __（F __）；

式中：G54~G59——工件坐标系选择指令，可任选一个。

指令说明：

① G54~G59 是系统预置的 6 个坐标系，可根据需要选用。

② G54~G59 建立的工件坐标原点是相对于机床原点而言的，在程序运行前已设定好，在程序运行中是无法重置的。

③ G54~G59 预置建立的工件坐标原点在机床坐标系中的坐标值可用 MDI 方式输入，系统自动记忆。

④ 使用该组指令前，必须先回参考点。

⑤ G54~G59 为模态指令，可相互注销。

【例 7-3】 如图 7-5 所示，工件坐标系原点在机床坐标系中的坐标为（-400，-200，-300）。通过 CRT/MDI 面板，将此数据输入选定的工件坐标系中（G54~G59 中的任一个），即可建立工件坐标系。图 7-6 所示为利用 G54 建立工件坐标系。

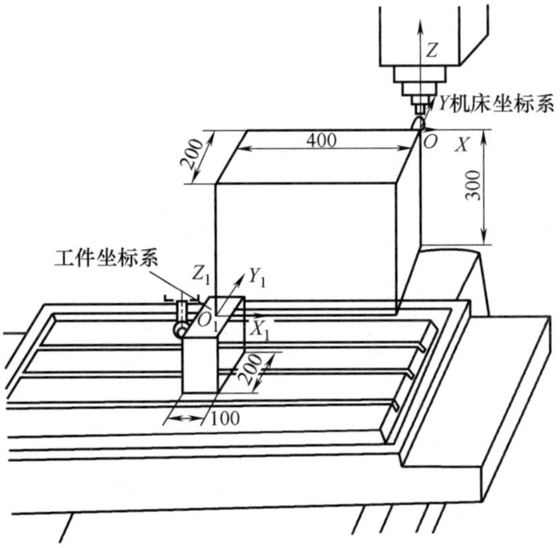

图 7-5 工件坐标系的建立

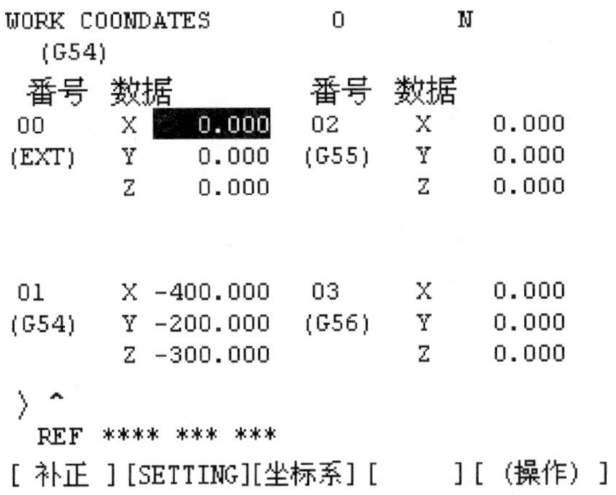

图 7-6 G54 建立工件坐标系

（3）选择机床坐标系指令（G53）

指令格式：G53 G90 X __ Y __ Z __；

式中：X、Y、Z——机床坐标系中的坐标值。

【例 7-4】 G00 G53 X60 Y70 Z30；

该程序段表示选择机床坐标系，同时刀具快速移动到机床坐标系中的点（60，70，30）。

7.2.2.3 绝对值编程（G90）与增量值编程（G91）

指令说明：

① G90 为绝对值编程，每个编程坐标轴上的编程值是相对于程序原点的。

② G91 为增量值编程，每个编程坐标轴上的编程值是相对于前一位置而言的，该值

等于沿轴移动的距离。

③ G90、G91 为模态功能，可相互注销，G90 为缺省值。

【例 7-5】 如图 7-7 所示，分别使用 G90、G91 编程，控制刀具由 1 点移动到 2 点。

绝对值编程：G90 G01 X40 Y45 F100;

增量值编程：G91 G01 X20 Y30 F100;

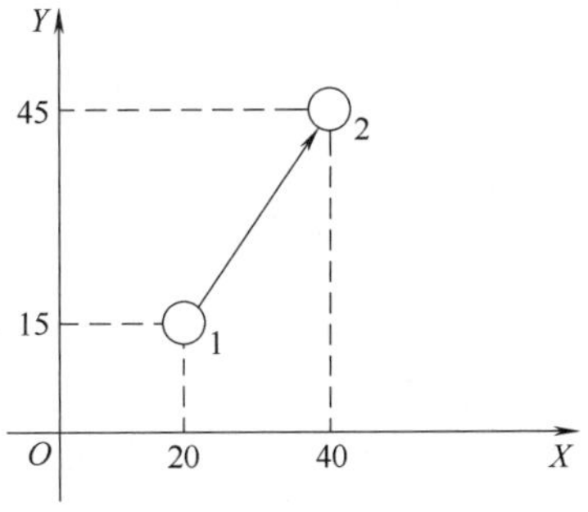

图 7-7　G90、G91 编程

7.2.2.4　快速点定位指令（G00）

指令格式：G00 X __ Y __ Z __;

式中：X、Y、Z——绝对编程时目标点在工件坐标系中的坐标；增量编程时刀具移动的距离。

指令说明：

① 快速定位的速度由系统参数设定，不受 F 指令指定的进给速度影响。

② 定位时各坐标轴以系统参数设定的速度移动，这样通常导致各坐标轴不能同时到达目标点，即 G00 指令的运动轨迹一般不是一条直线，而是折线。

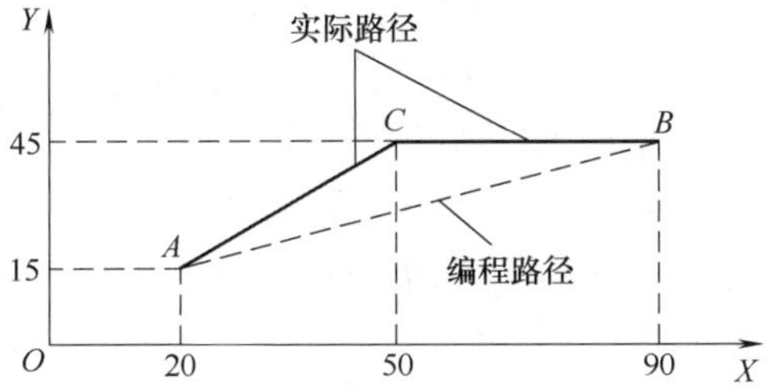

图 7-8　快速定位 G00 轨迹

【例 7-6】 如图 7-8 所示，使用 G00 编程，要求刀具从 *A* 点快速定位到 *B* 点。

绝对值编程：G90 G00 X90 Y45;

增量值编程：G91 G00 X70 Y30;

当 *X* 轴与 *Y* 轴的快进速度相同时，从 *A* 点到 *B* 点的快速定位路线为 *A*→*C*→*B*，即以折线的方式到达 *B* 点，而不是以直线的方式从 *A* 点到 *B* 点。

7.2.2.5　直线插补指令（G01）

指令格式：G01 X __ Y __ Z __ F __;

式中：X、Y、Z——绝对编程时目标点在工件坐标系中的坐标；增量编程时刀具移动的距离；

F——合成进给速度。

指令说明：

① 该指令严格控制起点与终点之间的轨迹为一直线，各坐标轴运动为联动，轨迹的控制通过数控系统的插补运算完成，因此称为直线插补指令。

② 该指令用于直线切削，进给速度由 F 指令指明，若本指令段内无 F 指令，则续效之前的 F 值。

③ G01 和 F 均为模态代码。

直线插补指令 G01 一般作为直线轮廓的切削加工运动指令，有时也用作很短距离的空行程运动指令，以防止 G00 指令在短距离高速运动时可能出现的惯性过冲现象。

【例 7-7】 如图 7-9 所示路径，要求用 G01 编程，坐标系原点 *O* 是程序起始点，要求刀具由 *O* 点快速移动到 *A* 点，然后沿 *AB*、*BC*、*CD*、*DA* 实现直线切削，再由 *A* 点快速

返回程序起始点 O，其程序如下：

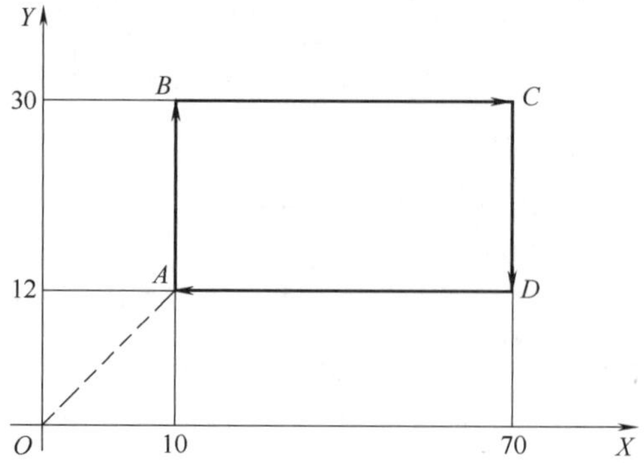

图 7-9　G01 编程刀具路径

按绝对值编程方式：

O7001	程序名
N10 G92 X0 Y0；	坐标系设定
N20 G90 G00 X10 Y12 M03 S600；	快速移至 A 点，主轴正转，转速 600r/min
N30 G01 Y30 F100；	直线进给 $A \rightarrow B$，进给速度 100mm/min
N40 X70；	直线进给 $B \rightarrow C$，进给速度不变
N50 Y12；	直线进给 $C \rightarrow D$，进给速度不变
N60 X10；	直线进给 $D \rightarrow A$，进给速度不变
N70 G00 X0 Y0；	返回原点 O
N80 MO5；	主轴停止
N90 M30；	程序结束

7.3 平面铣削编程加工实例

任务描述：加工如图 7-10 所示零件的上表面及台阶面（其余表面已加工）。毛坯为 100mm×80mm×32mm 的长方块，材料为 45 钢，单件生产。

7.3.1 加工工艺的确定

7.3.1.1 分析零件图样

该零件包含了平面、台阶面的加工，尺寸精度约为 IT10，表面粗糙度全部为 $Ra3.2\mu m$，没有形位公差项目的要求，整体加工要求不高。

7.3.1.2 工艺分析

（1）加工方案的确定

根据图样加工要求，上表面的加工方案采用端铣刀粗铣→精铣完成，台阶面用立铣刀粗铣→精铣完成。

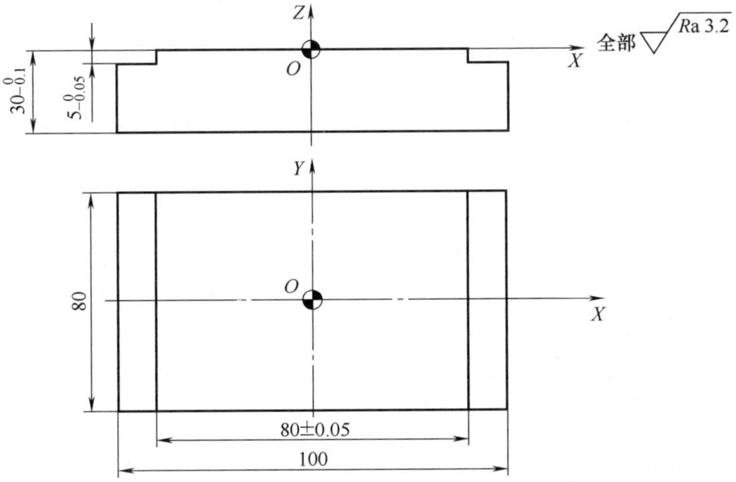

图 7-10　长方块零件

（2）确定装夹方案

加工上表面、台阶面时，可选用平口虎钳装夹，工件上表面高出钳口 10mm 左右。

（3）确定加工工序

加工工序如表 7-5 所示。

表 7-5　　数控加工工序卡片

<table>
<tr><td colspan="3" rowspan="2">数控加工工序卡片</td><td>产品名称</td><td>零件名称</td><td>材料</td><td colspan="3">零件图号</td></tr>
<tr><td></td><td></td><td>45 钢</td><td colspan="3"></td></tr>
<tr><td>工序号</td><td>程序编号</td><td>夹具名称</td><td>夹具编号</td><td colspan="2">使用设备</td><td colspan="3">车间</td></tr>
<tr><td></td><td></td><td>平口虎钳</td><td></td><td colspan="2"></td><td colspan="3"></td></tr>
<tr><td>工步号</td><td colspan="2">工步内容</td><td>刀具号</td><td>主轴转速/（r/min）</td><td>进给速度/（mm/r）</td><td>背吃刀量/mm</td><td>侧吃刀量/mm</td><td>备注</td></tr>
<tr><td>1</td><td colspan="2">粗铣上表面</td><td>T01</td><td>250</td><td>300</td><td>1.5</td><td>80</td><td></td></tr>
<tr><td>2</td><td colspan="2">精铣上表面</td><td>T01</td><td>700</td><td>160</td><td>0.5</td><td>80</td><td></td></tr>
<tr><td>3</td><td colspan="2">粗铣台阶面</td><td>T02</td><td>350</td><td>100</td><td>4.5</td><td>9.5</td><td></td></tr>
<tr><td>4</td><td colspan="2">精铣台阶面</td><td>T02</td><td>750</td><td>80</td><td>0.5</td><td>0.5</td><td></td></tr>
</table>

（4）确定进给路线

铣削上表面的走刀路线如图 7-11 所示，铣台阶面的走刀路线略。

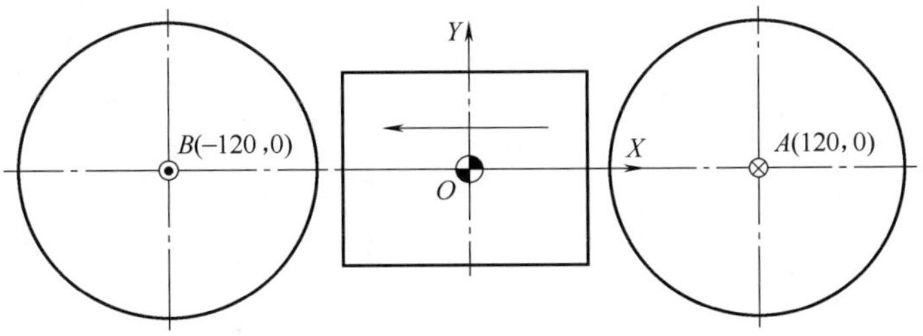

图 7-11　铣削上表面时的刀具进给路线

(5) 刀具及切削参数的确定

刀具及切削参数的确定，如表 7-6 所示。

表 7-6 数控加工刀具卡片

数控加工刀具卡片		工序号	程序编号		产品名称	零件名称		材 料		零件图号
								45 钢		
序号	刀具号	刀具名称	刀具规格/mm		补偿值/mm		刀补号			备注
			直径	长度	半径	长度	半径	长度		
1	T01	端铣刀(8 齿)	ϕ125	实测						硬质合金
2	T02	立铣刀(3 齿)	ϕ20	实测						高速钢

7.3.2 编制参考程序

7.3.2.1 工件坐标系的建立

以如图 7-10 所示的工件上表面中心作为 G57 工件坐标系原点。

7.3.2.2 基点坐标计算

基点坐标计算略。

7.3.2.3 参考程序

(1) 上表面加工

上表面加工使用面铣刀，其参考程序如表 7-7 所示。

表 7-7 上表面加工参考程序

程 序	说 明
O7002	程序名
N10 G90 G57 G00 X120 Y0	建立工件坐标系,快进至下刀位置
N20 M03 S250	启动主轴,转速 250r/min
N30 Z50 M08	主轴到达安全高度,同时打开冷却液
N40 G00 Z5	接近工件
N50 G01 Z-1.5 F100	下到 Z-1.5mm
N60 X-120 F300	粗加工上表面
N70 Z-2 S700	下到 Z-2mm,主轴转速 700r/min
N80 X120 F160	精加工上表面
N90 G00 Z50 M09	Z 向抬刀至安全高度,并关闭冷却液
N100 M05	主轴停
N110 M30	程序结束

(2) 台阶面加工

台阶面加工使用立铣刀，其参考程序如表 7-8 所示。

表 7-8　　台阶面加工参考程序

程　序	说　明
O7003	程序名
N10 G90 G57 G00 X-50.5 Y-60	建立工件坐标系,快进至下刀位置
N20 M03 S350	启动主轴,转速 350r/min
N30 Z50 M08	主轴到达安全高度,同时打开冷却液
N40 G00 Z5	接近工件
N50 G01 Z-4.5 F100	下刀,Z-4.5mm
N60 Y60	粗铣左侧台阶
N70 G00 X50.5	快进至右侧台阶起刀位置
N80 G01 Y-60	粗铣右侧台阶
N90 Z-5 S750	下刀 Z-5mm
N100 X50	走刀至右侧台阶起刀位置
N110 Y60 F80	精铣右侧台阶
N120 G00 X-50	快进至左侧台阶起刀位置
N130 G01 Y-60	精铣左侧台阶
N140 G00 Z50 M05 M09	抬刀,关闭冷却液
N150 M05	主轴停
N160 M30	程序结束

7.4　任务实施

加工如图 7-1 所示建筑提升机支撑座零件的上、下表面。毛坯为 105mm×105mm×45mm 的正方块，材料为 45 钢，单件生产。

7.4.1　加工工艺的确定

7.4.1.1　分析零件图样

现要求加工支撑座零件的上、下表面，零件要求高度尺寸为 40mm，上、下表面各铣削 2.5mm。

7.4.1.2　工艺分析

（1）加工方案的确定

根据图样加工要求，上、下表面的加工方案采用端铣刀粗铣→精铣完成。

（2）确定装夹方案

加工上、下表面时，可选用平口虎钳装夹，工件上表面高出钳口 10mm 左右。

（3）确定加工工序

加工工序如表 7-9 所示。

表 7-9　　　数控加工工序卡片

数控加工工序卡片			产品名称	零件名称	材料	零件图号		
					45 钢			
工序号	程序编号	夹具名称	夹具编号	使用设备		车间		
		平口虎钳						
工步号	工步内容		刀具号	主轴转速/(r/min)	进给速度/(mm/r)	背吃刀量/mm	侧吃刀量/mm	备注
1	粗铣上表面		T01	250	300	2.0	80	
2	精铣上表面		T01	700	160	0.5	80	

(4) 确定刀具及切削参数

刀具及切削参数的确定，如表 7-10 所示。

表 7-10　　　数控加工刀具卡片

数控加工刀具卡片		工序号	程序编号	产品名称	零件名称	材　料	零件图号		
						45 钢			
序号	刀具号	刀具名称	刀具规格/mm		补偿值/mm		刀补号		备注
			直径	长度	半径	长度	半径	长度	
1	T01	端铣刀(8 齿)	ϕ125	实测					硬质合金

(5) 确定进给路线

铣削上表面的走刀路线如图 7-12 所示（铣下表面的走刀路线和铣上表面一样）。

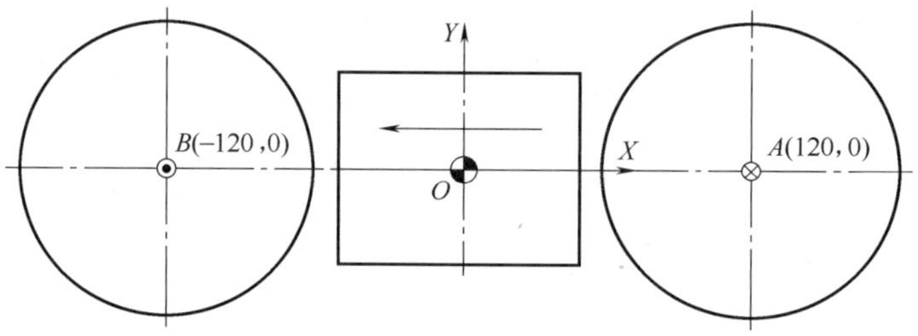

图 7-12　铣削上表面时的走刀路线

7.4.2　参考程序编制

7.4.2.1　工件坐标系的建立

以如图 7-12 所示的上表面中心作为 G54 工件坐标系原点。

7.4.2.2　基点坐标计算

基点坐标计算略。

7.4.2.3　参考程序

上表面加工（下表面加工程序同）。加工上表面使用面铣刀，其参考程序如表 7-11 所示。

表 7-11 上表面加工参考程序

程　　序	说　　明
O7006	程序名
N10 G90 G54 G00 X120 Y0	建立工件坐标系,快进至下刀位置
N20 M03 S250	启动主轴,转速 250r/min
N30 Z50 M08	主轴到达安全高度,同时打开冷却液
N40 G00 Z5	接近工件
N50 G01 Z-2 F100	下到 *Z*-2mm 处
N60 X-120 F300	粗加工上表面
N70 Z-2.5 S700	下到 *Z*-2.5mm 处,主轴转速 700r/min
N80 X120 F160	精加工上表面
N90 G00 Z50 M09	*Z* 向抬刀至安全高度,关闭冷却液
N100 M05	主轴停
N110 M30	程序结束

项目 8　支撑座的轮廓数控加工

8.1　任务描述

加工如图 8-1 所示建筑提升机支撑座零件的凸台轮廓。六面已加工，材料为 45 钢，单件生产。

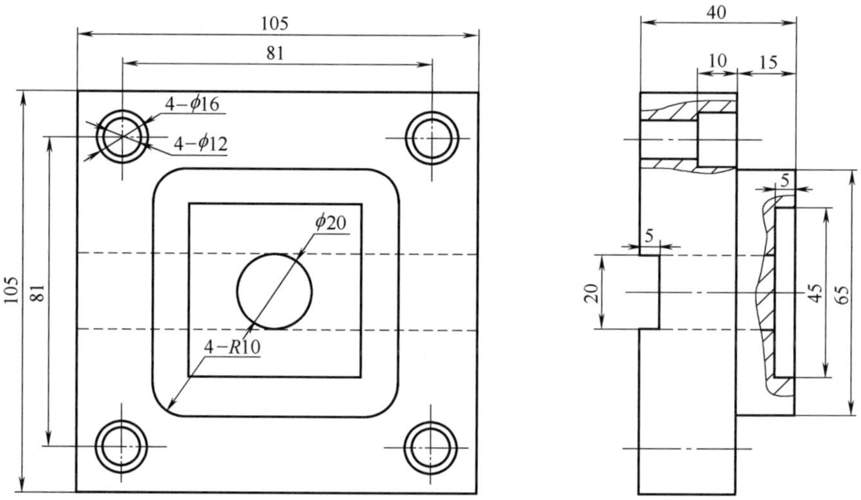

图 8-1　支撑座零件图

8.2　知识链接

8.2.1　轮廓铣削的工艺知识

8.2.1.1　轮廓铣削的进、退刀方式

铣削平面类零件外轮廓时，刀具沿 *X*、*Y* 平面的进、退刀方式通常有三种。

（1）垂直方向进、退刀

如图 8-2 所示，刀具沿 *Z* 向下刀后，垂直接近工件表面，这种方法的进给路线短，但工件表面有接痕。

（2）直线切向进、退刀

如图 8-3 所示，刀具沿 Z 向下刀后，从工件外直线切向进刀，切削工件时不会产生接痕。

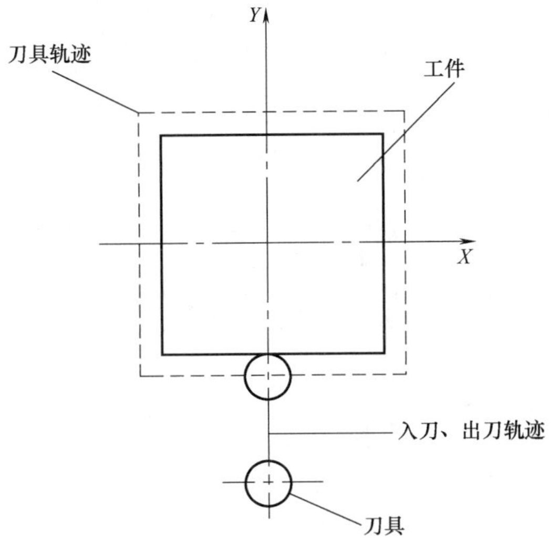

图 8-2　垂直方向进、退刀

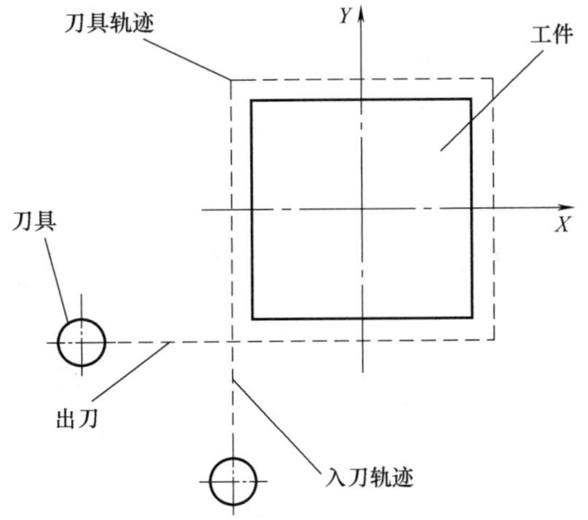

图 8-3　直线切向进、退刀

（3）圆弧切向进、退刀

如图 8-4 所示，刀具沿圆弧切向切入、切出工件，工件表面没有接刀痕迹。

当零件的外轮廓由圆弧组成时，要注意安排好刀具的切入、切出，要尽量避免交接处重复加工，否则会出现明显的界限痕迹。为减少接刀痕迹，保证零件表面质量，需要对刀具的切入和切出程序精心设计。如图 8-5 所示，铣刀应沿零件轮廓曲线的延长线切入和切出零件表面，而不应沿法向直接切入零件，以保证零件轮廓光滑，避免加工表面产生划痕。

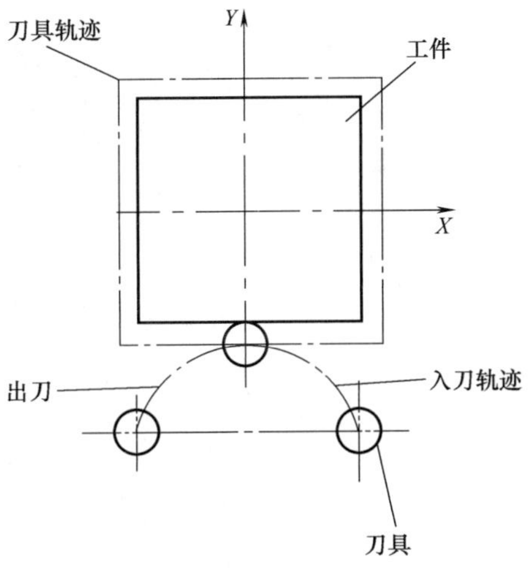

图 8-4　圆弧切向进、退刀

如在加工如图 8-6 所示的整圆时，要安排刀具从切向进入圆周铣削加工，当整圆加工完毕后，不要在切点处直接退刀，而让刀具多运动一段距离，最好沿切线方向退出，以免在取消刀具补偿时，刀具与工件表面相碰撞，造成工件报废。

8.2.1.2　轮廓铣削的刀具

实际生产中，要根据被加工零件的材料、表面质量要求、热处理状态、切削性能及加工余量来选择刚性好、耐用度高的刀具。立铣刀是数控铣削中最常用的铣刀，在轮廓加工中多采用立铣刀，其结构如图 8-7 所示。它的圆柱表面和端面上都有切削刃，圆柱表面

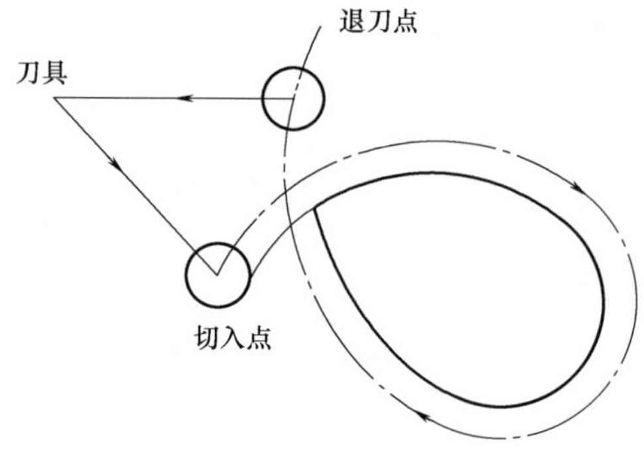

图 8-5　刀具切入切出时的外延

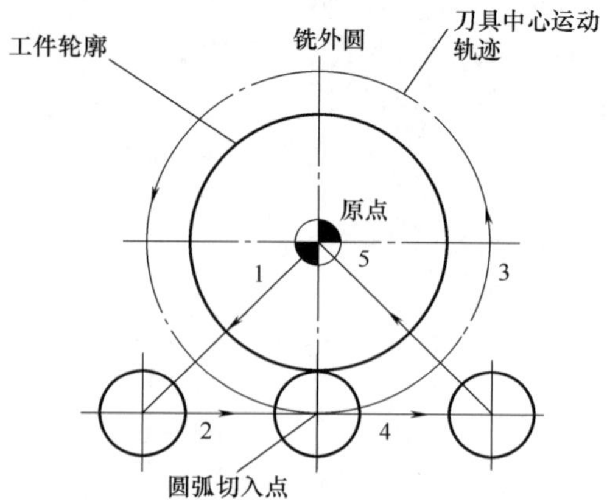

图 8-6　整圆加工切入和切出路径

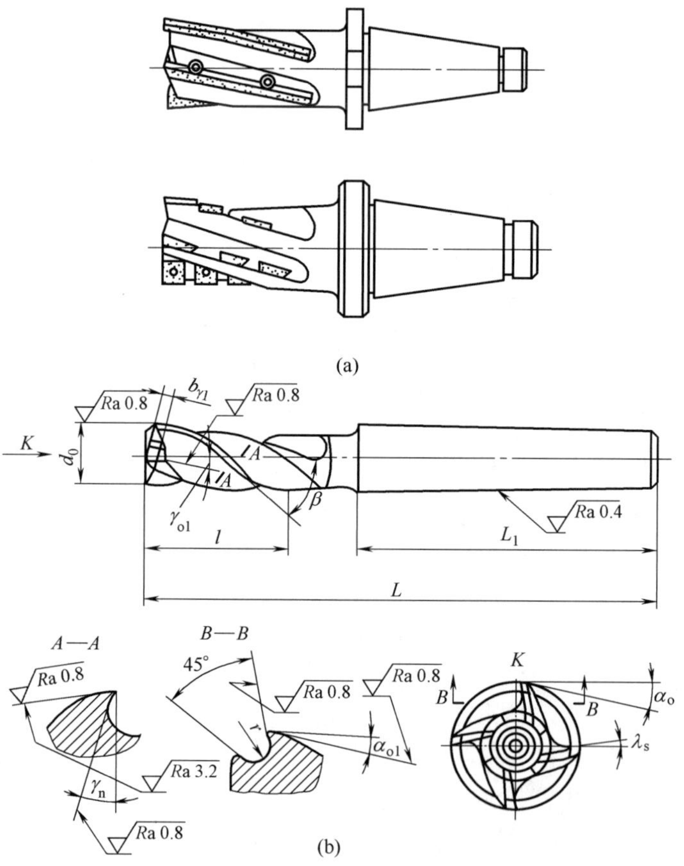

图 8-7　立铣刀

的切削刃为主切削刃，端面上的切削刀为副切削刃。主切削刃一般为螺旋齿，这样的设计可以增加切削平稳性，提高加工精度。由于普通立铣刀端面中心处无切削刃，所以立铣刀不能作轴向进给，端面刃主要用来加工与侧面相垂直的底平面。

立铣刀根据其刀齿数目，分为粗齿立铣刀、中齿立铣刀和细齿立铣刀，如表 8-1 所示。粗齿立铣刀齿数少，强度高，容屑空间大，适用于粗加工；细齿立铣刀齿数多，工作平稳，适用于精加工；中齿立铣刀齿数介于粗齿立铣刀和细齿立铣刀之间，应用比较广泛。

表 8-1　　立铣刀直径与齿数

直径 d/mm		2~8	9~18	16~28	32~80	86~70	80
齿数/个	细齿		8	6	8	10	12
	中齿	4			6	8	10
	粗齿	3			4	6	8

8.2.1.3　顺铣与逆铣

铣削分为顺铣与逆铣。当铣刀的旋转方向和工件的进给方向相同时称为顺铣，相反时称为逆铣，如图 8-8 所示。

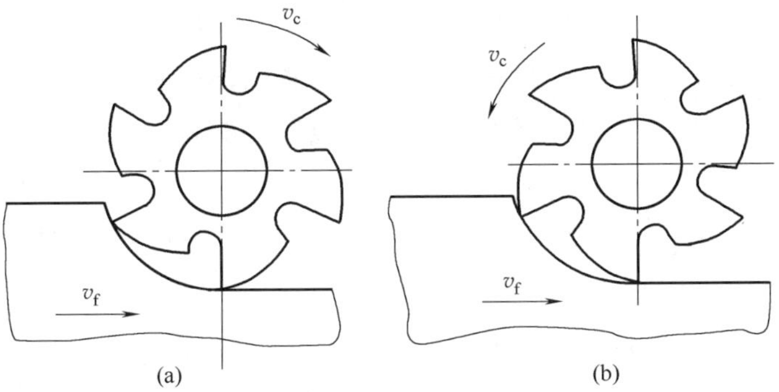

(a)　(b)

图 8-8　顺铣与逆铣

（a）顺铣　（b）逆铣

逆铣时刀齿开始切削工件时的切削厚度比较小，导致刀具易磨损，并影响已加工表面质量。顺铣时刀具的耐用度比逆铣时提高 2~3 倍，刀齿的切削路径较短，比逆铣时的平均切削厚度大，而且切削变形较小，但顺铣不宜加工带硬皮的工件。由于工件所受的切削力方向不同，粗加工时逆铣比顺铣要平稳。

对于立式数控铣床所采用的立铣刀，装在主轴上相当于悬臂梁结构，在切削加工时刀具会产生弹性弯曲变形，如图 8-9 所示。当用铣刀顺铣时，刀具在切削时会产生“让刀”

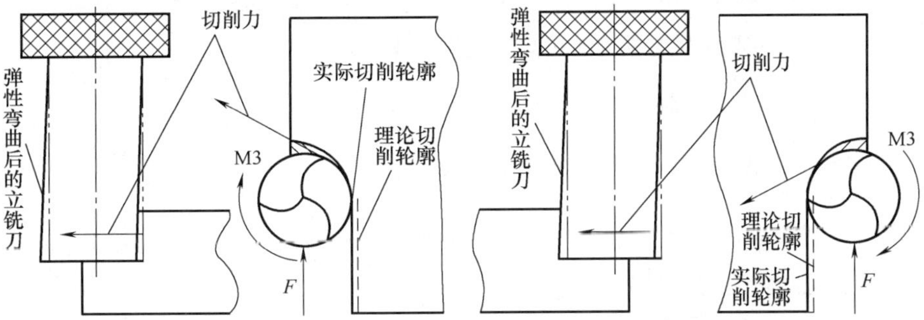

(a)　(b)

图 8-9　欠切与过切

（a）顺铣“欠切”　（b）逆铣“过切”

现象，即切削时出现“欠切”，如图 8-9（a）所示；而用铣刀逆铣时，刀具在切削时会产生“啃刀”现象，即切削时出现“过切”现象，如图 8-9（b）所示。这种现象在刀具直径越小、刀杆伸出越长时越明显，所以在选择刀具时，从提高生产率、减小刀具弹性弯曲变形的影响这些方面考虑，应选大的直径，但不能大于零件凹圆弧的半径；在装刀时刀杆尽量伸出短些。

8.2.2 编程指令

8.2.2.1 坐标平面选择指令（G17、G18、G19）

当机床坐标系及工件坐标系确定后，对应地就确定了三个坐标平面，即 *XY* 平面、*ZX* 平面、*YZ* 平面，如图 8-10 所示。可分别用 G 代码 G17（*XY* 平面）、G18（*ZX* 平面）、G19（*YZ* 平面）表示这三个平面。

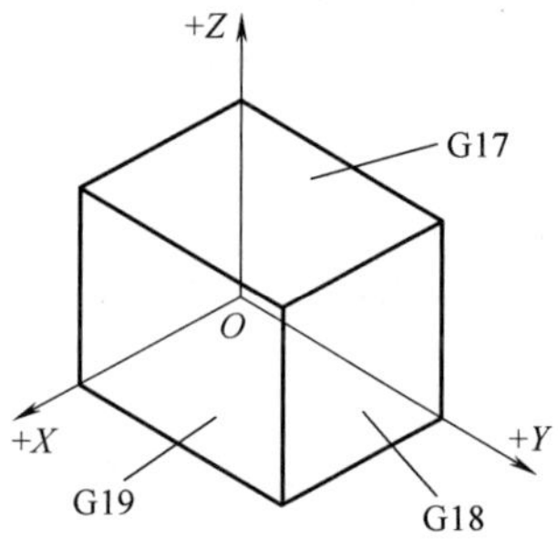

图 8-10 平面选择指令

注意：G17、G18、G19 所指定的平面，均是从 *Z*、*Y*、*X* 各轴的正方向向负方向观察进行确定。G17、G18、G19 为模态功能，可相互注销，一般 G17 为缺省值。

8.2.2.2 圆弧插补指令（G02、G03）

指令格式：

$$\left\{\begin{matrix}G17\\G18\\G19\end{matrix}\right\}\left\{\begin{matrix}G02\\G03\end{matrix}\right\}X\_\ Y\_\ Z\_\ \{I\_\ J\_\ K\_\}\ F\_$$

式中：G17~G19——坐标平面选择指令；

G02——顺时针圆弧插补（图 8-11）；

G03——逆时针圆弧插补（图 8-11）；

X、Y、Z——圆弧终点，在 G90 时为圆弧终点在工件坐标系中的坐标；在 G91 时为圆弧终点相对于圆弧起点的位移量；

I、J、K——圆心相对于圆弧起点的偏移值（等于圆心的坐标减去圆弧起点的坐标，如图 8-12 所示），在 G90/G91 时都是以增量方式指定；

F——被编程的两个轴的合成进给速度。

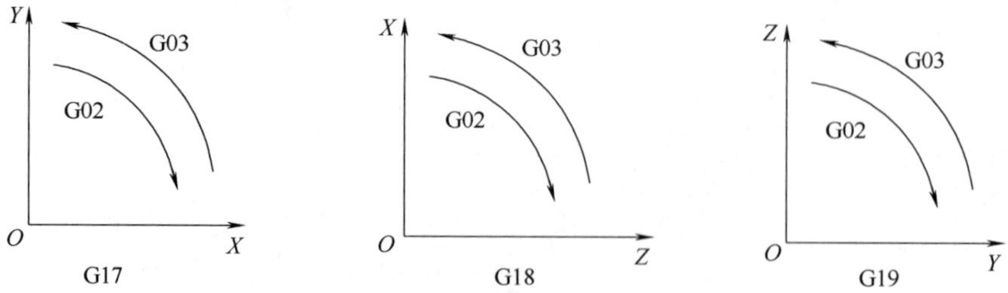

图 8-11 G02、G03 的判断

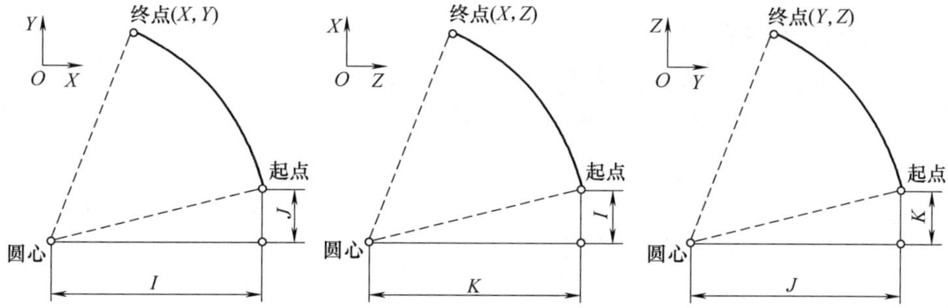

图 8-12　I、 J、 K 的算法

【例 8-1】 如图 8-13 所示，使用圆弧插补指令编写 A 点到 B 点的程序。

I、J、K 编程：G17 G90 G02 X100 Y44 I19 J-48 F60；

R 编程：G17 G90 G02 X100 Y44 R51.62 F60；

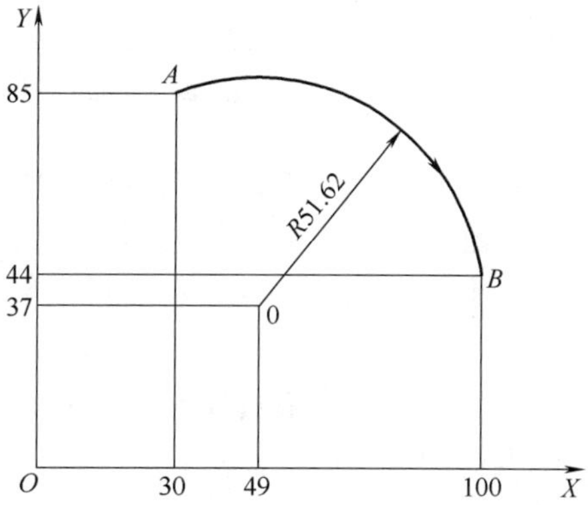

图 8-13　R 及 I、 J、 K 编程举例

【例 8-2】 如图 8-14 所示，加工整圆，刀具起点在 A 点，逆时针加工。

I、J、K 编程：G17 G90 G03 X35 Y60 I35 J0 F60；

【例 8-3】 如图 8-15 所示，使用圆弧插补指令编写 A 点到 B 点程序。

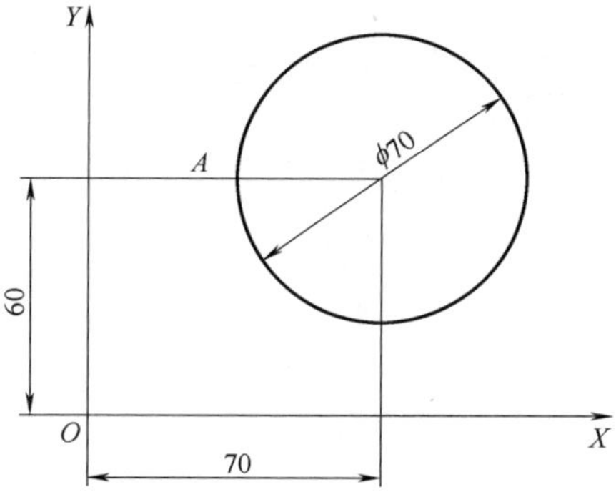

图 8-14　整圆编程

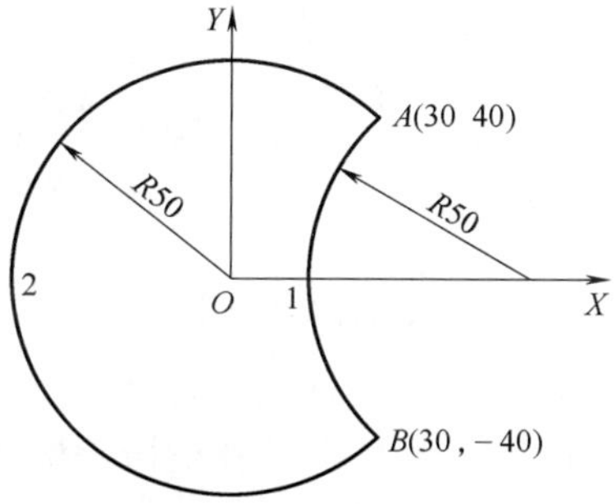

图 8-15　圆弧插补指令

圆弧 1：G17 G90 G03 X30 Y-40 R50 F60；

圆弧 2：G17 G90 G03 X30 Y-40 R-50 F60；

圆弧编程注意事项：

① 圆弧顺、逆的判别方法为沿圆弧所在平面的垂直坐标轴的正方向往负方向看。

② 整圆编程时不可以使用 R，只能用 I、J、K 方式。

③ 同时编入 R 与 I、J、K 时，R 有效。

8.2.2.3 刀具半径补偿指令（G41、G42、G40）

（1）刀具半径补偿功能

在编制数控铣床轮廓铣削加工程序时，为了编程方便，通常将数控刀具假想成一个点（刀位点），认为刀位点与编程轨迹重合。但实际上，由于刀具存在一定的直径，使刀具中心轨迹与零件轮廓不重合，如图 8-16 所示。这样，编程时就必须依据刀具半径和零件轮廓计算刀具中心轨迹，再依据刀具中心轨迹完成编程，但如果人工完成这些计算将给手工编程带来很多不便，甚至当计算量较大时，也容易产生计算错误。为了解决这个加工与编程之间的矛盾，数控系统提供了刀具半径补偿功能。

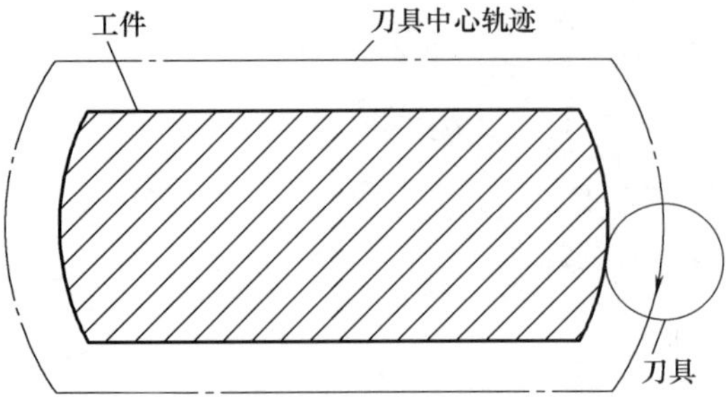

图 8-16 刀具半径补偿

数控系统的刀具半径补偿功能就是将计算刀具中心轨迹的过程交由数控系统完成，编程员假设刀具半径为零，直接根据零件的轮廓形状进行编程，而实际的刀具半径则存放在一个刀具半径偏置寄存器中。在加工过程中，数控系统根据零件程序和刀具半径自动计算刀具中心轨迹，完成对零件的加工。

（2）刀位点

刀位点是代表刀具的基准点，也是对刀时的注视点，一般是刀具上的一点。常用刀具的刀位点如图 8-17 所示。

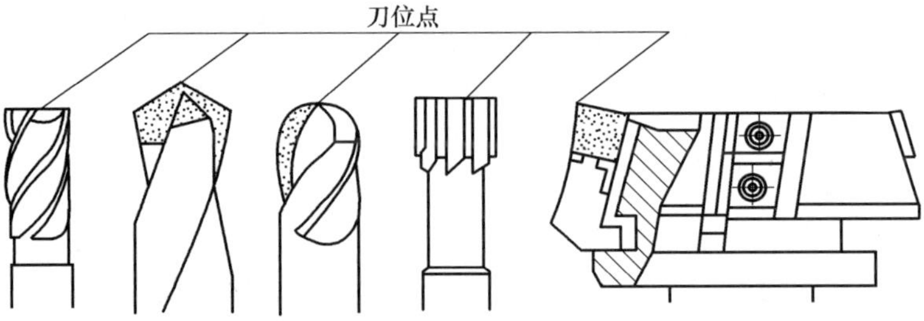

图 8-17 刀位点

（3）刀具半径补偿指令

① 刀具半径补偿指令格式。

a. 建立刀具半径补偿指令格式：

$$\left\{\begin{matrix}G17\\G18\\G19\end{matrix}\right\}\left\{\begin{matrix}G41\\G42\end{matrix}\right\}\left\{\begin{matrix}G00\\G01\end{matrix}\right\}X\_\ Y\_\ Z\_\ D$$

式中：G17~G19——坐标平面选择指令；

G41——左刀补，[图 8-18（a）]；

G42——右刀补，[图 8-18（b）]；

X、Y、Z——建立刀具半径补偿时目标点坐标；

D——刀具半径补偿号。

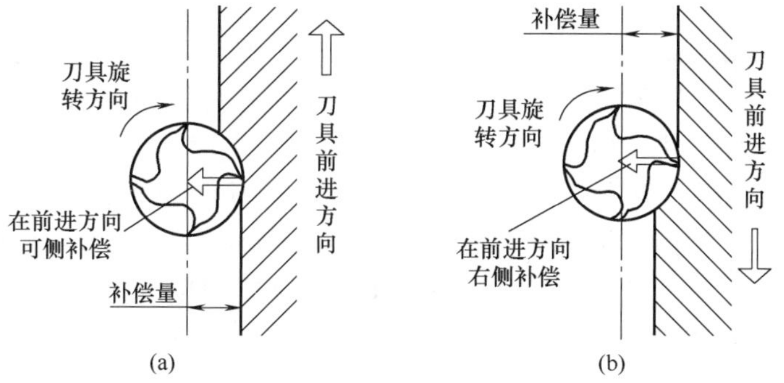

图 8-18　刀具补偿方向

（a）左刀补　（b）右刀补

b. 取消刀具半径补偿指令格式：

$$\begin{Bmatrix} G17 \\ G18 \\ G19 \end{Bmatrix} G40 \begin{Bmatrix} G00 \\ G01 \end{Bmatrix} X\_\_\ Y\_\_\ Z\_\_$$

式中：G17～G19——坐标平面选择指令；

G40——取消刀具半径补偿功能。

② 刀具半径补偿的过程。

如图 8-19 所示，刀具半径补偿的过程分为三步。

a. 刀补的建立：刀心轨迹从与编程轨迹重合过渡到与编程轨迹偏离一个偏置量的过程。

b. 刀补进行：刀具中心始终与编程轨迹相距一个偏置量直到刀补取消。

c. 刀补取消：刀具离开工件，刀心轨迹要过渡到与编程轨迹重合的过程。

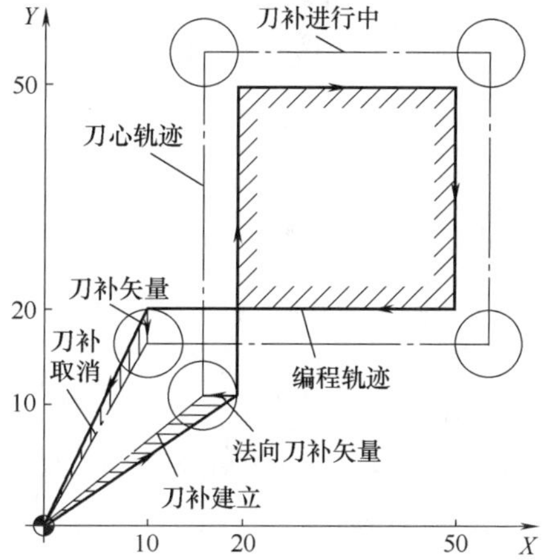

图 8-19　刀具半径补偿过程

【例 8-4】　使用刀具半径补偿功能完成如图 8-19 所示轮廓加工的编程。

参考程序：

```
O8001
N10 G90 G54 G00 X0 Y0 M03 S800;
N20 G00 Z80;                        主轴到达安全高度
N30 Z10;                            主轴到达参考高度
N40 G41 X20 Y10 D01 F80;            建立刀具半径补偿
N50 G01 Z-10;                       下刀
N60 Y80;
N70 X80;
N80 Y20;
N90 X10;
```

N100 G00 Z80;　　　　　　　　　　　　抬刀到安全高度
N110 G40 X0 Y0 M08;　　　　　　　　取消刀具半径补偿
N120 M30;　　　　　　　　　　　　　　程序结束

③ 使用刀具补偿的注意事项。

在数控铣床上使用刀具补偿时，必须特别注意其执行过程的原则，否则往往容易引起加工失误甚至报警，使系统停止运行或刀具半径补偿失效等。

a. 刀具半径补偿的建立与取消只能用 G01、GOO 来实现，不得用 G02 和 G03。

b. 建立和取消刀具半径补偿时，刀具必须在所补偿的平面内移动，且移动距离应大于刀具补偿值。

c. D00～D99 为刀具补偿号，D00 表示取消刀具补偿，（即 G41/G42 X __ Y __ D00 等价于 G40）。刀具补偿值在加工或试运行之前须设定在补偿存储器中。

d. 加工半径小于刀具半径的内圆弧时，进行半径补偿将产生刀具干涉，只有过渡圆角 $R \geqslant$ 刀具半径 r+精加工余量的情况下才能正常切削。

e. 在刀具半径补偿模式下，如果存在连续两段以上非移动指令（如 G90、M03 等）或非指定平面轴的移动指令，那么有可能产生“过切”现象。

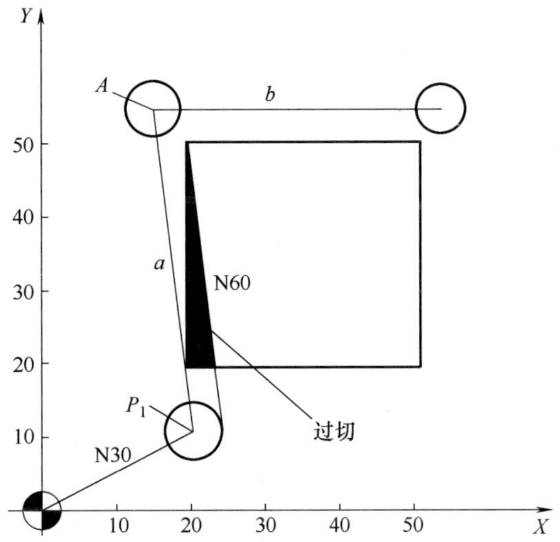

图 8-20　刀具半径补偿的“过切”现象

【例 8-5】 如图 8-20 所示，起始点在（0，0），高度在 80mm 处，使用刀具半径补偿时，由于接近工件及切削工件要有 Z 轴的移动，如果 N40、N50 两段沿 Z 轴连续移动，容易出现“过切”现象。

O8002
N10 G90 G84 G00 X0 Y0 M03 S800;
N20 G00 Z80;　　　　　　　　　　进刀到安全高度
N30 G41 X20 Y10 D01;　　　　　　建立刀具半径补偿
N40 Z10;
N50 G01 Z-10.0 F80;　　　　　　　两段沿 Z 轴连续移动，会产生“过切”现象
N60 Y80;
N70 X80;
N80 Y20;
N90 X10;
N100 G00 Z80;　　　　　　　　　　抬刀到安全高度
N110 G40 X0 Y0 M09;　　　　　　　取消刀具半径补偿
N120 M30;

以上程序在运行 N60 时，产生“过切”现象，如图 8-20 所示。其原因是当从 N30 段

刀具补偿建立，进入刀具补偿状态后，系统只能读入 N40、N50 两段，但由于 Z 轴是非刀具补偿平面的轴，而且又读不到 N60 以后的程序段，也就做不出偏移矢量，刀具确定不了前进的方向，此时刀具中心未加上刀具补偿而直接移动到了无补偿的 P_1 点。当执行完 N40、N50 两段后，再执行 N60 段时，刀具中心从 P_1 点移至交点 A，于是发生过切。

为避免“过切”，可将上面的程序改成下述形式。

```
O8003
N10 G90 G54 G00 X0 Y0 M03 S800;
N20 G00 Z80;                        主轴到达安全高度
N30 Z10;
N40 G41 X20 Y10 D01;                建立刀具半径补偿
N50 G01 Z-10.0 F80;
N60 Y80;
…
```

④ 刀具半径补偿的应用。

除方便编程外，还可利用改变刀具半径补偿值大小的方法，实现利用同一程序进行粗、精加工，即

粗加工刀具半径补偿=刀具半径+精加工余量

精加工刀具半径补偿=刀具半径+修正量

a. 因磨损、重磨或换新刀而引起刀具半径改变后，不必修改程序，只需在刀具参数设置中输入变化后的刀具半径。如图 8-21 所示，1 为未磨损刀具，2 为磨损后刀具，只需将刀具参数表中的刀具半径 r_1 改为 r_2，即可适用同一程序。

b. 同一程序中，利用半径补偿，同一尺寸的刀具可进行粗、精加工。如图 8-22 所示，刀具半径为 r，精加工余量为 Δ。粗加工时，输入刀具半径 $D=r+\Delta$，则加工出点画线轮廓；精加工时，用同一程序、同一刀具，输入刀具半径 $D=r$，即可加工出实线轮廓。

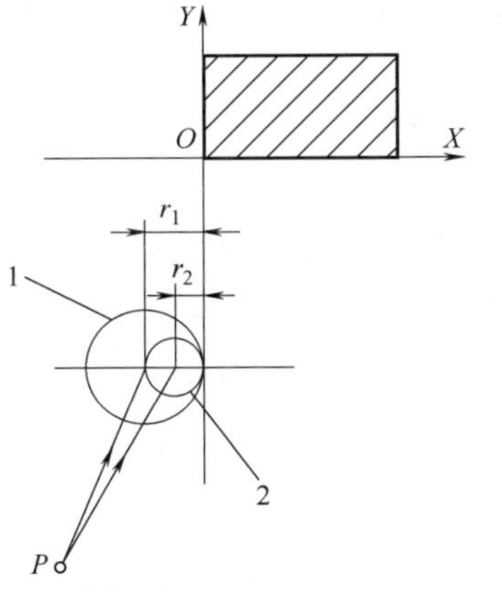

图 8-21　刀具半径变化，加工程序不变

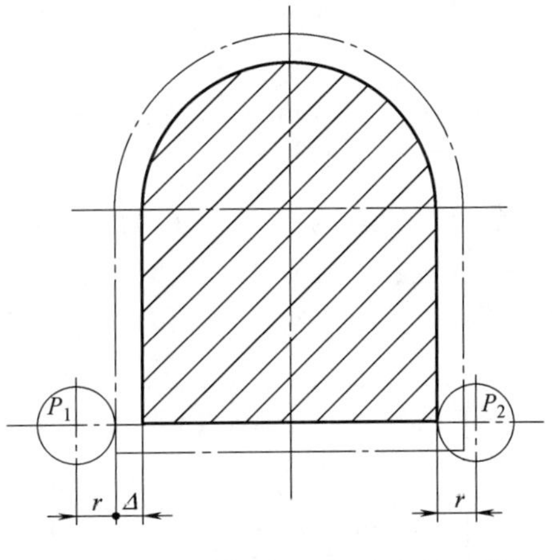

图 8-22　利用刀具半径补偿进行粗、精加工

8.2.2.4　子程序

（1）子程序的定义

在编制加工程序时，有时会遇到一组程序段在一个程序中多次出现，或者在几个程序中都要使用它。这组程序段可以另外列出，并单独加以命名，这个程序就称为子程序。一次装夹加工多个相同零件或一个零件有重复加工部分的情况可采用子程序。在调用子程序时，调用第一层子程序的指令所在的程序称为主程序。通常，数控系统按主程序的指令运动，如果遇到“调用子程序”的指令时，就转移到子程序，按子程序的指令运动。子程序执行结束后，又返回主程序，继续执行后面的程序段。

（2）子程序的格式

子程序用符号“O”开头，其后是子程序号。子程序号最多可以由 4 位数字组成，若前几位数字为 0，则可以省略。M99 为子程序结束指令，用来结束子程序并返回主程序或上一层子程序。

```
O8003            子程序名
N10…
…                子程序体
N80 M99;         子程序结束
```

（3）子程序的调用格式

子程序由主程序或其他子程序调用。子程序的调用指令也是一个程序段，一般由调用字、子程序名称、调用次数等组成，具体格式各数控系统有差别。

① 调用格式一。

M98 P××××××××；

其中，P 后面的前 4 位数字为重复调用次数，省略时为调用一次；后 4 位数字为子程序号。系统允许重复调用次数为 999 次，如果只调用一次，此项可省略不写。

【例 8-6】 M98 P00041006；表示共调用子程序“O1006”4 次。

② 调用格式二。

M98 P×××× L××××；

其中，P 后面的 4 位数字为子程序号，L 后面的 4 位数字为重复调用次数，省略时为调用一次。

【例 8-7】 M98 P48 L8；表示共调用子程序“O48”8 次。

（4）子程序的嵌套

为进一步简化程序，可以让子程序调用另外一个子程序，这就是子程序的嵌套。上一层子程序与下一层子程序之间的关系，和主程序与子程序之间的关系一样。FANUC 系统可实现子程序 4 级嵌套，如图 8-23 所示。

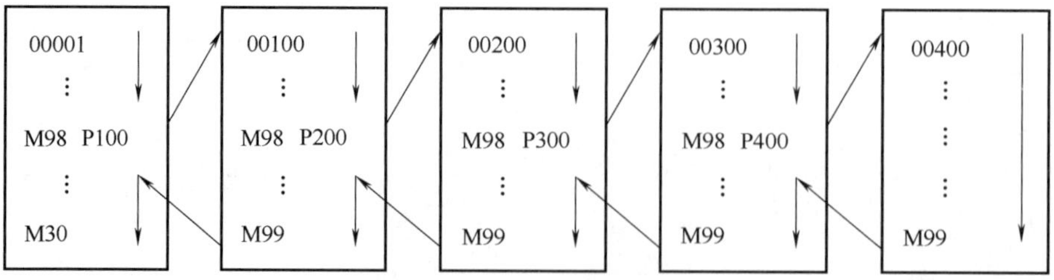

图 8-23 子程序的嵌套

8.3 轮廓铣削编程加工实例

加工如图 8-24 所示的零件凸台外轮廓，毛坯为 70mm×50mm×20mm 长方形块（其余表面已经加工)，材料为 45 钢，单件生产。

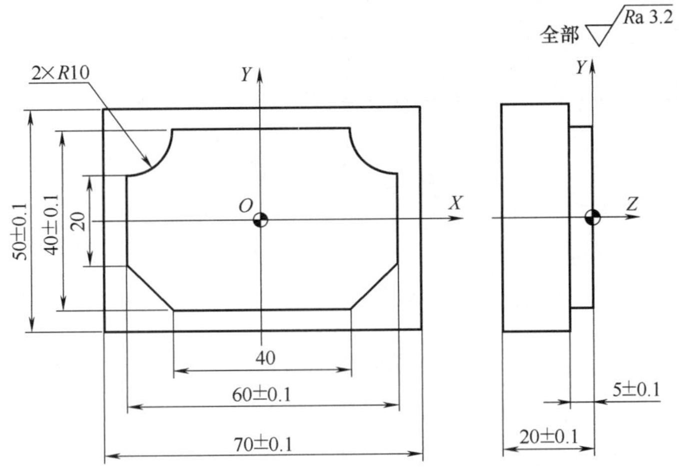

图 8-24 轮廓铣削加工

8.3.1 加工工艺的确定

8.3.1.1 分析零件图样

零件轮廓由直线和圆弧组成，尺寸精度约为 IT11，表面粗糙度全部为 *R*a3.2μm，没有形位公差项目的要求，整体加工要求不高。

8.3.1.2 工艺分析

(1) 加工方案的确定

根据图样加工要求，采用立铣刀粗铣→精铣完成。

(2) 确定装夹方案

该零件为单件生产，且零件外形为长方体，可选用平口虎钳装夹。工件上表面高出钳口 8mm 左右。

(3) 确定加工工序

加工工序如表 8-2 所示。

(4) 进给路线的确定

在数控加工中，刀具刀位点相对于工件运动的轨迹称为加工路线。为了保证表面质量，进给路线采用顺铣和圆弧进退刀方式，采用子程序对零件进行粗、精加工，该零件进给路线如图 8-25 所示。从 *A* 点下刀，进给路线为：*A*→*B*→*C*→*D*→*E*→*F*→*G*→*H*→*I*→*J*→*K*→*C*→*L*→*A*。

表 8-2　　数控加工工序卡片

数控加工工序卡片			产品名称	零件名称	材料	零件图号	
					45 钢		
工序号	程序编号	夹具名称	夹具编号	使用设备		车间	
		平口虎钳					
工步号	工步内容	刀具号	主轴转速/(r/min)	进给速度/(mm/r)	背吃刀量/mm	侧吃刀量/mm	备注
1	粗铣外轮廓	T01	800	120	4. 8		
2	精铣外轮廓	T01	600	90	5	0. 3	

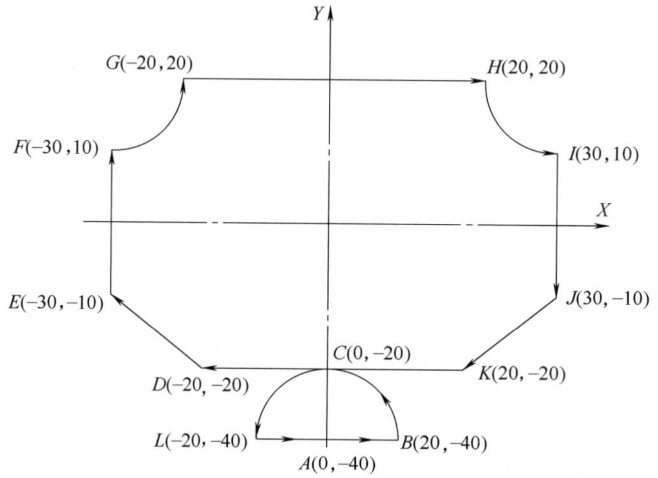

图 8-25　加工路线图

（5）刀具及切削参数的确定

刀具及切削参数的确定，如表 8-3 所示。

表 8-3　　数控加工刀具卡片

数控加工刀具卡片		工序号	程序编号	产品名称	零件名称	材　料		零件图号	
						45 钢			
序号	刀具号	刀具名称	刀具规格/mm		补偿值/mm		刀补号		备注
			直径	长度	半径	长度	半径	长度	
1	T01	立铣刀(3 齿)	$\phi16$	实测	8. 3 8		D01 D02		高速钢

8. 3. 2　参考程序编制

8. 3. 2. 1　工件坐标系的建立

由图样可以分析出该零件的设计基准为左右和前后对称中心线，为使编程方便，工件坐标系建立在左右和前后对称中心线的交点上，*Z* 轴 0 点在工件上表面。

8.3.2.2　基点坐标计算

如图 8-25 所示的坐标。

8.3.2.3　参考程序

参考程序如表 8-4 所示。

表 8-4　　参考程序

主　程　序	
程　　序	说　　明
O8004	主程序名
N10 G90 G54 G00 X0 Y-40	建立工件坐标系，快速进给至下刀位置 *A* 点（图 8-25）
N20 M03 S800	启动主轴，转速 800r/min
N30 Z80 M08	主轴到达安全高度，同时打开冷却液
N40 Z10	接近工件
N50 G01 Z-4.8 F120	*Z* 向下刀
N60 M98 P8011 D01	调用子程序粗加工零件轮廓，D01 = 8.3
N70 G00 Z80 M09	*Z* 向抬刀并关闭冷却液
N80 M05	主轴停
N90 G91 G00 Y200	*Y* 轴工作台前移（便于测量）
N100 M00	程序暂停，进行测量
N110 G54 G90 G00 Y0	*Y* 轴返回
N120 M03 S600	启动主轴，转速 600r/min
N130 Z80 M08	刀具到达安全高度并开启冷却液
N140 Z10	接近工件
N150 G01 Z-5 F90	*Z* 向下刀
N160 M98 P8011 D02	调用子程序精加工零件轮廓 D02 = 刀具半径 -（实测值 - 理论值）/2
N170 G00 Z80 M09	刀具到达安全高度，并关闭冷却液
N180 M05	主轴停
N190 M30	主程序结束
备注：如四个角落有残留，可手动切除。	
子　程　序	
程　　序	说　　明
O8011	子程序名
N20 G41 G01 X20 F400	建立刀具半径补偿，*A*→*B*（图 8-25）
N30 G03 X0 Y-20 R20	圆弧切向切入 *B*→*C*
N40 G01 X-20 Y-20	走直线 *C*→*D*
N50 X-30 Y-10	走直线 *D*→*E*
N60 Y10	走直线 *E*→*F*
N70 G03 X-20 Y20 R10	逆圆插补 *F*→*G*

续表

程　　序	说　　明
N80 G01 X20	走直线 *G*→*H*
N90 G03 X30 Y10 R10	逆圆插补 *H*→*I*
N100 G01 Y-10	走直线 *I*→*J*
N110 X20 Y-20	走直线 *J*→*K*
N120 Y0	走直线 *K*→*C*
N130 G03 X-20 Y-40 R20	圆弧切向切出 *C*→*L*
N140 G40 G00 X0	取消刀具半径补偿，*L*→*A*
N150 M99	子程序结束

8.4 任务实施

加工如图 8-1 所示建筑提升机支撑座零件的凸台轮廓。六面已加工，材料为 45 钢，单件生产。

8.4.1 加工工艺的确定

8.4.1.1 分析零件图样

支撑座零件的凸台轮廓由直线和圆弧组成，尺寸精度约为 IT11，表面粗糙度全部为 *Ra*3.2μm 没有形位公差项目的要求，整体加工要求不高。

8.4.1.2 工艺分析

(1) 加工方案的确定

根据图样加工要求，采用立铣刀粗铣→精铣完成。

(2) 确定装夹方案

该零件为单件生产，且零件外形为长方体，可选用平口虎钳装夹。工件上表面高出钳口 20mm 左右。

(3) 确定加工工序

加工工序如表 8-5 所示。

表 8-5　　　　数控加工工序卡片

<table>
<tr><td colspan="3" rowspan="2">数控加工工序卡片</td><td>产品名称</td><td>零件名称</td><td colspan="2">材料</td><td colspan="2">零件图号</td></tr>
<tr><td></td><td></td><td colspan="2">45 钢</td><td colspan="2"></td></tr>
<tr><td>工序号</td><td>程序编号</td><td>夹具名称</td><td>夹具编号</td><td colspan="2">使用设备</td><td colspan="3">车间</td></tr>
<tr><td></td><td></td><td>平口虎钳</td><td></td><td colspan="2"></td><td colspan="3"></td></tr>
<tr><td>工步号</td><td colspan="2">工步内容</td><td>刀具号</td><td>主轴转速/(r/min)</td><td>进给速度/(mm/r)</td><td>背吃刀量/mm</td><td>侧吃刀量/mm</td><td>备注</td></tr>
<tr><td>1</td><td colspan="2">粗铣外轮廓</td><td>T01</td><td>800</td><td>120</td><td>5</td><td></td><td></td></tr>
<tr><td>2</td><td colspan="2">精铣外轮廓</td><td>T01</td><td>600</td><td>90</td><td>15</td><td>0.3</td><td></td></tr>
</table>

(4) 进给路线的确定

该零件进给路线如图 8-26 所示。从 *A* 点下刀，进给路线为：*A*→*B*→*C*→*D*→*E*→*F*→*G*→*H*→*I*→*J*→*K*→*C*→*L*→*A*。

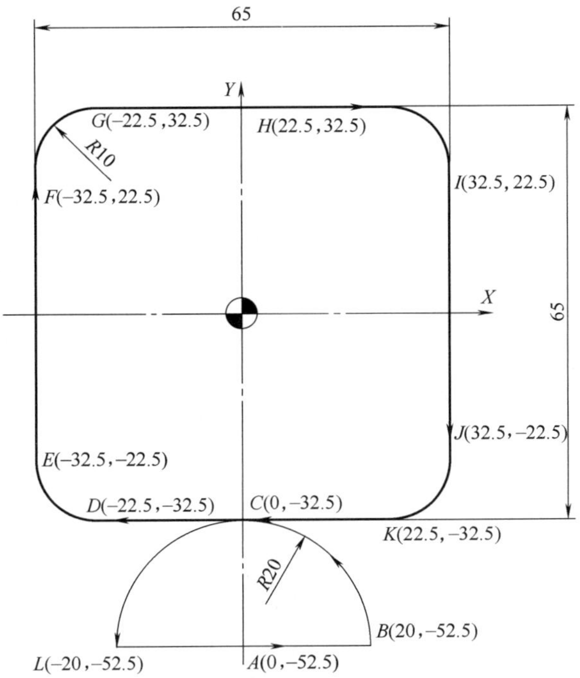

图 8-26　加工路线图

(5) 刀具及切削参数的确定

刀具及切削参数的确定，如表 8-6 所示。

表 8-6　数控加工刀具卡片

<table>
<tr><td colspan="2" rowspan="2">数控加工
刀具卡片</td><td>工序号</td><td>程序编号</td><td>产品名称</td><td>零件名称</td><td>材　料</td><td colspan="3">零件图号</td></tr>
<tr><td></td><td></td><td></td><td></td><td>45 钢</td><td colspan="3"></td></tr>
<tr><td rowspan="2">序号</td><td rowspan="2">刀具号</td><td rowspan="2">刀具名称</td><td colspan="2">刀具规格/mm</td><td colspan="2">补偿值/mm</td><td colspan="2">刀补号</td><td rowspan="2">备注</td></tr>
<tr><td>直径</td><td>长度</td><td>半径</td><td>长度</td><td>半径</td><td>长度</td></tr>
<tr><td>1</td><td>T01</td><td>立铣刀(3 齿)</td><td>ϕ16</td><td>实测</td><td>8. 3
8</td><td></td><td>D01
D02</td><td></td><td>高速钢</td></tr>
</table>

8. 4. 2　参考程序编制

8. 4. 2. 1　工件坐标系的建立

由图样可以分析出该零件的设计基准为左右和前后对称中心线，为使编程方便，工件坐标系建立在左右和前后对称中心线的交点上，*Z* 轴 0 点在工件上表面。

8. 4. 2. 2　基点坐标计算

如图 8-26 所示的坐标。

8.4.2.3 参考程序

参考程序如表 8-7 所示。

表 8-7 参考程序

主 程 序	说 明
O8006	主程序名
N10 G90 G54 G00 X0 Y-52.5	建立工件坐标系,快速进给至下刀位置 *A* 点(图 8-26)
N20 M03 S800	启动主轴,转速 800r/min
N30 Z80 M08	主轴到达安全高度,同时打开冷却液
N40 Z10	接近工件
N50 G01 Z0 F120	*Z* 向下刀
N60 M98 P38012 D01	调用子程序粗加工零件轮廓,D01=8.3
N70 G00 Z80 M09	*Z* 向抬刀,并关闭冷却液
N80 M05	主轴停
N90 G91 G00 Y200	*Y* 轴工作台前移(便于测量)
N100 M00	程序暂停,进行测量
N110 G54 G90 G00 Y0	*Y* 轴返回
N120 M03 S600	启动主轴
N130 Z80 M08	刀具到达安全高度并开启冷却液
N140 Z10	接近工件
N150 G01 Z-10 F90	*Z* 向下刀
N160 M98 P8012 D02	调用子程序零件轮廓精加工 D02=刀具半径-(实测值-理论值)/2
N170 G00 Z80 M09	刀具到达安全高度,并关闭冷却液
N180 M05	主轴停
N190 M30	主程序结束
子 程 序	
程 序	说 明
O8012	子程序名
N10 G91 G01 Z-5 F100	Z 向下刀
N20 G41 G90 G01 X20	建立刀具半径补偿,*A*→*B*(图 8-26)
N30 G03 X0 Y-32.5 R20	圆弧切向切入 *B*→*C*
N40 G01 X-22.5 Y-32.5	直线插补 *C*→*D*
N50 G02 X-32.5 Y-22.5 R10	顺圆插补 *D*→*E*
N60 G01 Y22.5	直线插补 *E*→*F*
N70 G02 X-22.5 Y32.5 R10	顺圆插补 *F*→*G*
N80 G01 X22.5	直线插补 *G*→*H*
N90 G02 X32.5 Y22.5 R10	顺圆插补 *H*→*I*
N100 G01 Y-22.5	直线插补 *I*→*J*
N110 G02 X22.5 Y-32.5 R10	顺圆插补 *J*→*K*
N120 G01 X0	直线插补 *K*→*C*
N130 G03 X-20 Y-52.5 R20	圆弧切向切出 *C*→*L*
N140 G40 G00 X0	取消刀具半径补偿,*L*→*A*
N150 M99	子程序结束

项目 9　支撑座型腔的数控加工

9.1　任务描述

加工如图 9-1 所示的建筑提升机支撑座零件的型腔。六面已加工，材料为 45 钢，单件生产。

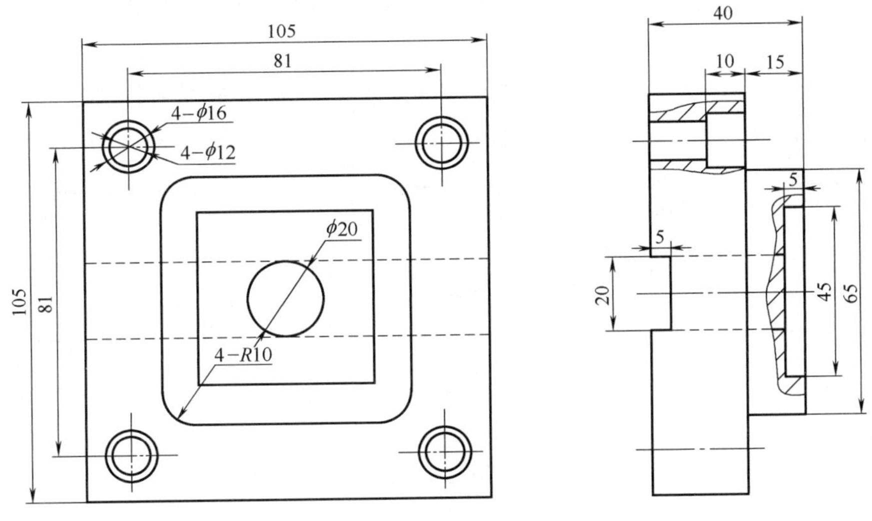

图 9-1　支撑座零件的型腔

9.2　知识链接

9.2.1　型腔加工的工艺知识

9.2.1.1　型腔的加工方法

型腔铣削需要在边界线确定的一个封闭区域内去除材料。该区域由侧壁及底面围成，其侧壁和底面可以是斜面、凸台、球面及其他形状。型腔内部可以全空或有孤岛。型腔加工分为三步：型腔内部去余量，型腔轮廓粗加工，型腔轮廓精加工。

（1）下刀方法

将刀具引入型腔有三种方法：

① 使用键槽铣刀沿 Z 向直接下刀，切入工件。

② 先用钻头钻孔，立铣刀通过孔垂向进入后用圆周铣削。

③ 使用立铣刀螺旋下刀或斜插式下刀。螺旋下刀，即在两个切削层之间，刀具从上一层的高度沿螺旋线以渐近的方式切入工件，直到下一层的高度，然后开始正式切削。

（2）走刀路线的选择

常见的型腔加工走刀路线有行切、环切和综合切削三种方法，如图 9-2 所示。三种加工方法的特点如下：

① 共同点是都能够切净内腔中的全部面积，不留死角，不伤轮廓，同时尽量减少重复进给的搭接量。

② 不同点是行切法［图 9-2（a）］的进给路线比环切法短，但行切法会在每两次进给的起点与终点间留下残留面积，故不能达到所要求的表面粗糙度；用环切法［图 9-2（b）］获得的表面粗糙度要好于行切法，但环切法需要逐次向外扩展轮廓线，刀位点计算较行切法复杂。

③ 采用图 9-2（c）所示的进给路线，即先用行切法切去中间部分余量，然后用环切法光整轮廓表面，既能使总的进给路线较短，又能获得较好的表面粗糙度。

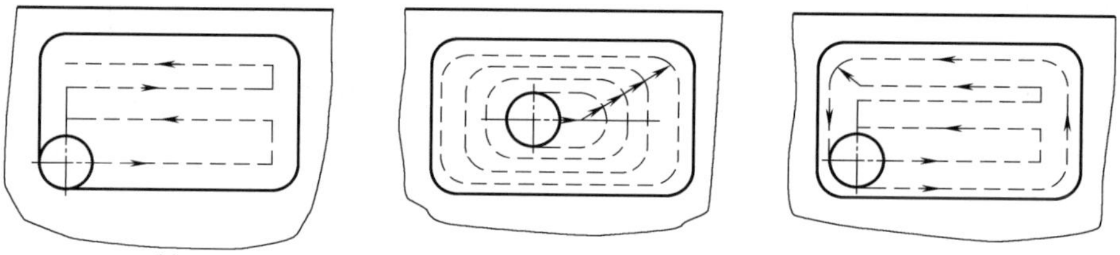

(a)　　(b)　　(c)

图 9-2　型腔加工走刀路线

（a）行切法　（b）环切法　（c）先行切法后环切法

9.2.1.2　型腔加工的刀具

型腔加工常用立铣刀和键槽铣刀，刀具半径 r 应小于零件内轮廓面的最小曲率半径 ρ，一般取 $r=(0.8\sim0.9)\rho$。

9.2.1.3　型腔加工的切削参数

粗加工型腔时要确定两次切削之间的间距即行距，行距通常取刀具直径的 70%~90%。

9.2.2　编程指令

9.2.2.1　螺旋线插补（G02/G03）

（1）指令格式

$$G17\begin{Bmatrix}G02\\G03\end{Bmatrix}X\_\_\ Y\_\_\ \{I\_\_\ J\_\_\}\ Z\_\_\ F\_\_;$$

$$G18\begin{Bmatrix}G02\\G03\end{Bmatrix}X\_\_Z\_\_\{I\_\_K\_\_\}\ Y\_\_F\_\_;$$

$$G19\begin{Bmatrix}G02\\G03\end{Bmatrix}Y\_\_Z\_\_\{J\_\_K\_\_\}\ X\_\_F\_\_;$$

（2）指令说明

① X、Y、Z 中由 G17/G18/G19 平面选定的两个坐标为螺旋线投影圆弧的终点，意义同圆弧进给，第三个坐标是与选定平面相垂直的轴终点。其余参数的意义同圆弧进给。该指令对另一个不在圆弧平面上的坐标轴施加运动指令，对于任何小于 360°的圆弧可附加任一数值的单轴指令。

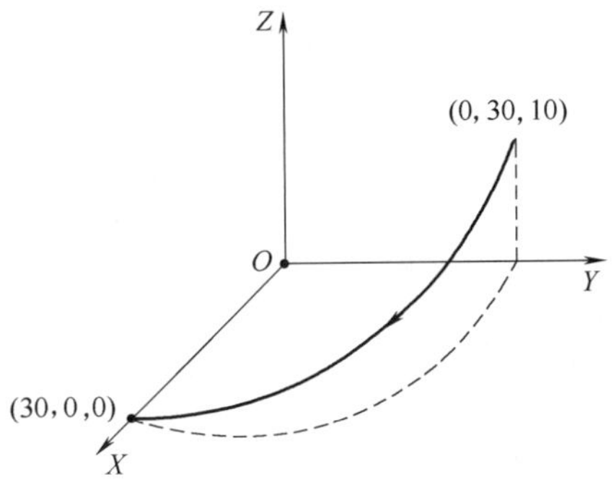

图 9-3　螺旋线插补

② 指令中的 F 值只是圆弧进给速度，而直线轴的进给速度为：

$$F_{直线}=F\times(直线轴位移/圆弧弧长)$$

【例 9-1】 使用 G02 为图 9-3 所示的螺旋线编程，起点（0，30，10），终点（30，0，0），假设刀具最初在螺旋线起点。

用 G90 方式编程：G90 G17 G02 X30 Y0 Z0 R30 F200；

用 G91 方式编程：G91 G17 G02 X30 Y-30 Z-10 R30 F200；

9.3　型腔铣削编程加工实例

加工图 9-4 所示型腔，毛坯为ϕ50mm×20mm 的圆盘（上、下面和圆柱面已加工好），材料为 45 钢，单件生产。

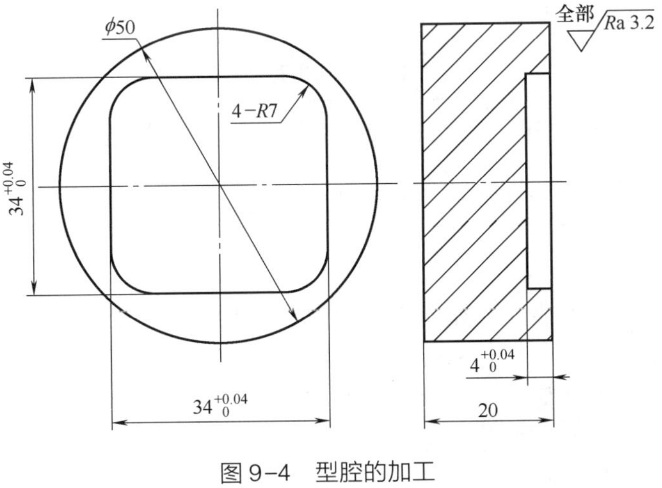

图 9-4　型腔的加工

9.3.1 加工工艺的确定

9.3.1.1 分析零件图样

该零件要求加工矩形型腔，表面粗糙度要求为 $Ra3.2\mu m$。

9.3.1.2 工艺分析

（1）加工方案的确定

根据零件的要求，型腔加工方案为：型腔去余量→型腔轮廓粗加工→型腔轮廓精加工。

（2）确定装夹方案

选择三爪自定心卡盘夹紧，使零件伸出 5mm 左右。

（3）确定加工工序

加工工序如表 9-1 所示。

表 9-1　　数控加工工序卡片

数控加工工序卡片			产品名称	零件名称	材料	零件图号	
					45 钢		
工序号	程序编号	夹具名称	夹具编号	使用设备		车间	
		三爪卡盘					
工步号	工步内容	刀具号	主轴转速/(r/min)	进给速度/(mm/r)	背吃刀量/mm	侧吃刀量/mm	备注
1	型腔去余量	T01	400	100	4		
2	型腔轮廓粗加工	T01	400	120	4	0.7	
3	型腔轮廓精加工	T01	600	60	4	0.3	

（4）进给路线的确定

① 型腔去余量走刀路线。如图 9-5 所示，刀具在 1 点螺旋下刀（螺旋半径为 6mm），再从 1 点至 2 点，采用行切法去余量。

图 9-5 中各点坐标如表 9-2 所示。

表 9-2　　型腔去余量加工基点坐标

序号	坐标	序号	坐标	序号	坐标
1	(-4,-7)	4	(10,-3)	7	(10,3)
2	(-10,-10)	5	(-10,-3)	8	(10,10)
3	(10,-10)	6	(-10,3)	9	(-10,10)

② 型腔轮廓加工走刀路线。如图 9-6 所示，刀具在 1 点下刀后，沿 1 点→2 点→3 点→4 点→…→11 点→3 点→12 点→1 点，采用环切法加工。

图 9-6 中各点坐标如表 9-3 所示。

（5）刀具及切削参数的确定

刀具及切削参数的确定，如表 9-4 所示。

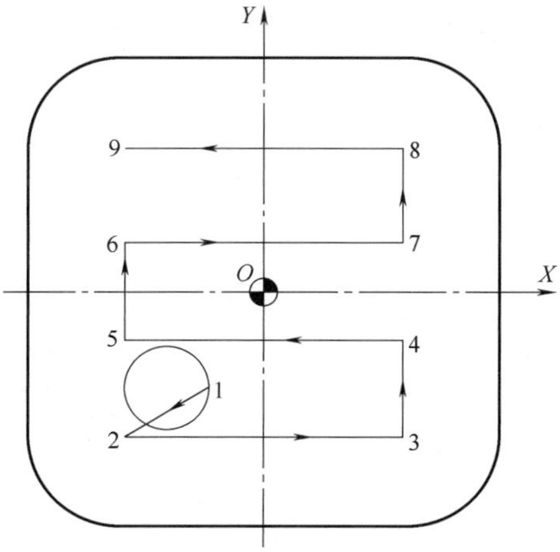

图 9-5　型腔去余量走刀路线

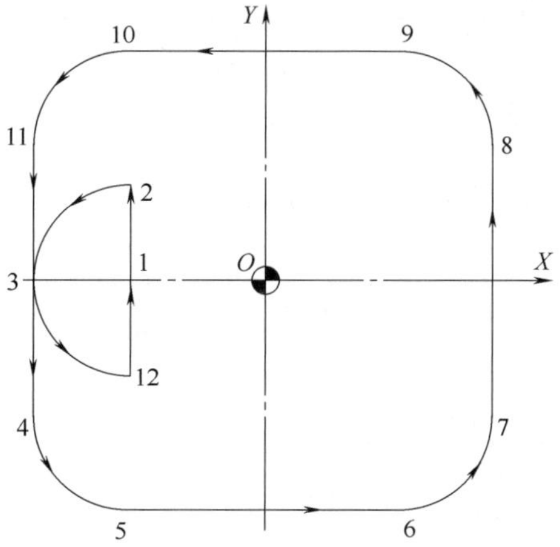

图 9-6　型腔轮廓加工走刀路线

表 9-3　　型腔轮廓加工基点坐标

序号	坐标	序号	坐标	序号	坐标
1	(-10,0)	5	(-10,-17)	9	(10,17)
2	(-10,7)	6	(10,-17)	10	(-10,17)
3	(-17,0)	7	(17,-10)	11	(-17,10)
4	(-17,-10)	8	(17,10)	12	(-10,-7)

表 9-4　　数控加工刀具卡片

<table>
<tr><td colspan="2" rowspan="2">数控加工
刀具卡片</td><td>工序号</td><td>程序编号</td><td>产品名称</td><td colspan="2">零件名称</td><td>材　料</td><td colspan="2">零件图号</td></tr>
<tr><td></td><td></td><td></td><td colspan="2"></td><td>45 钢</td><td colspan="2"></td></tr>
<tr><td rowspan="2">序号</td><td rowspan="2">刀具号</td><td rowspan="2">刀具名称</td><td colspan="2">刀具规格/mm</td><td colspan="2">补偿值/mm</td><td colspan="2">刀补号</td><td rowspan="2">备注</td></tr>
<tr><td>直径</td><td>长度</td><td>半径</td><td>长度</td><td>半径</td><td>长度</td></tr>
<tr><td>1</td><td>T01</td><td>立铣刀(3 齿)</td><td>ϕ12</td><td>实测</td><td>6.3
6</td><td>实测</td><td>D01
D02</td><td></td><td>高速钢</td></tr>
</table>

9.3.2　参考程序编制

9.3.2.1　工件坐标系的建立

以如图 9-5 所示的上表面中心作为 G54 工件坐标系原点。

9.3.2.2　基点坐标计算

以表 9-2 和表 9-3 所示的坐标计算值。

9.3.2.3　参考程序（型腔加工时采用键槽铣刀直接下刀）

参考程序如表 9-5 所示。

表 9-5　　参考程序

主　程　序	
程　　序	说　　明
O9001	主程序名
N10 G54 G90 G17 G40 G90 G49 G21	设置初始状态
N20 G00 Z50	主轴到达安全高度
N30 G00 X-4 Y-7 S400 M03	启动主轴,快速进给至下刀位置(点 1,图 9-5)
N40 G00 Z5 M09	接近工件,同时打开冷却液
N50 G01 Z0 F60	接近工件
N60 G03 X-4 Y-7 Z-1 I-3	螺旋下刀
N70 G03 X-4 Y-7 Z-2 I-3	
N80 G03 X-4 Y-7 Z-4 I-3	
N90 G03 X-4 Y-7 Z-3 I-3	
N100 G03 X-4 Y-7 Z-4 I-3	修光底部
N110 G01 X-10 Y-10 F100	1→2(图 9-5)
N120 X10	2→3
N130 Y-3	3→4
N140 X-10	4→5
N150 Y3	5→6
N160 X10	6→7
N170 Y10	7→8
N180 X-10	9→10
N190 G01 X-10 Y0	进给至型腔轮廓加工起点(点 1,图 9-5)
N200 M98 P9002 D01 F120	调用子程序 O9002,粗加工型腔轮廓
N210 M98 P9002 D02 F60 S600	调用子程序 O9002,精加工型腔轮廓
N220 G00 Z50 M09	*Z* 向抬刀至安全高度,并关闭冷却液
N230 M05	主轴停
N240 M30	主程序结束
子　程　序	
O9002	子程序名
N10 G41 G01 X-10 Y7	1→2(图 9-6),建立刀具半径补偿
N20 G03 X-17 Y0 R7	2→3
N30 G01 Y-10	3→4
N40 G03 X-10 Y-17 R7	4→5
N50 G01 X10	5→6
N60 G03 X17 Y-10 R7	6→7
N70 G01 X17 Y10	7→8
N80 G03 X10 Y17 R7	8→9

续表

O9002	子程序名
N90 G01 X-10	9→10
N100 G03 X-17 Y10 R7	10→11
N110 G01 Y0	11→3
N120 G03 X-10 Y-7 R7	3→12
N130 G40 G00 X-10 Y0	12→1，取消刀具半径补偿
N140 M99	子程序结束

9.4 任务实施

加工如图9-1所示的建筑提升机支撑座零件的型腔。六面已加工，材料为45钢，单件生产。

9.4.1 加工工艺的确定

9.4.1.1 分析零件图样

该零件要求加工矩形型腔，表面粗糙度要求为$Ra3.2\mu m$。

9.4.1.2 工艺分析

（1）加工方案的确定

根据零件的要求，型腔加工方案为：型腔轮廓粗加工→型腔轮廓精加工。

（2）确定装夹方案

用三爪自定心卡盘夹紧，使零件伸出约为5mm。

（3）确定加工工序

加工工序如表9-6所示。

表9-6 数控加工工序卡片

数控加工工序卡片			产品名称	零件名称		材料		零件图号	
						45钢			
工序号	程序编号	夹具名称	夹具编号	使用设备			车间		
		三爪卡盘							
工步号	工步内容		刀具号	主轴转速/(r/min)	进给速度/(mm/r)		背吃刀量/mm	侧吃刀量/mm	备注
1	型腔去余量		T01	400	100		2.5		
2	型腔轮廓粗加工		T01	400	120		2.5	0.7	
3	型腔轮廓精加工		T01	600	60		5	0.3	

（4）进给路线的确定

① 型腔去除余量走刀路线。如图 9-7 所示，刀具从 1 点斜插刀 2 点下刀，采用行切法去除余量。

图 9-7 中各点坐标如表 9-7 所示。

表 9-7　型腔去除余量加工基点坐标

序号	坐标	序号	坐标	序号	坐标
1	(12.5,-25)	5	(12.5,0)	9	(12.5,25)
2	(-12.5,-25)	6	(-12.5,0)	10	(-12.5,25)
3	(-12.5,-12.5)	7	(-12.5,12.5)		
4	(12.5,-12.5)	8	(12.5,12.5)		

② 型腔轮廓加工走刀路线。如图 9-8 所示，刀具在 1 点下刀后，再从 1 点→2 点→3 点→4 点→…→11 点→3 点→12 点→1 点，采用环切法加工。

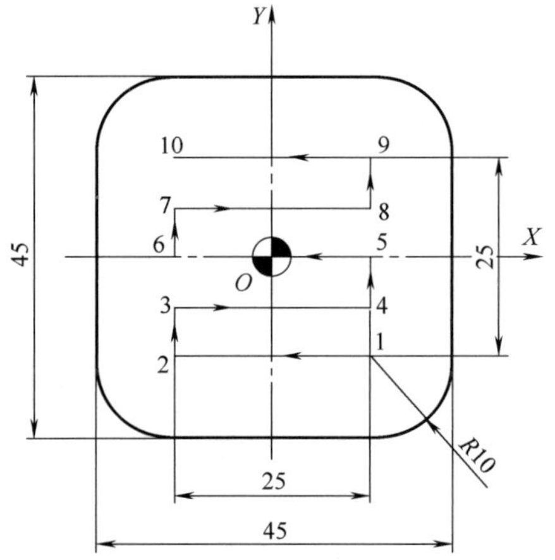

图 9-7　型腔去除余量走刀路线

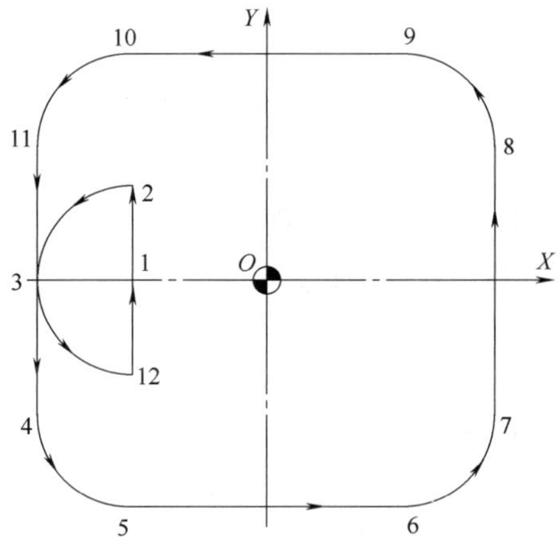

图 9-8　型腔轮廓加工走刀路线

图 9-8 中各点坐标如表 9-8 所示。

表 9-8　型腔轮廓加工基点坐标

序号	坐标	序号	坐标	序号	坐标
1	(-12.5,0)	5	(-12.5,-22.5)	9	(12.5,22.5)
2	(-12.5,10)	6	(12.5,-22.5)	10	(-12.5,22.5)
3	(-22.5,0)	7	(22.5,-12.5)	11	(-22.5,12.5)
4	(-22.5,-12.5)	8	(22.5,12.5)	12	(-12.5,-10)

（5）刀具及切削参数的确定

刀具及切削参数的确定，如表 9-9 所示。

表 9-9　　数控加工刀具卡片

数控加工刀具卡片		工序号		程序编号		产品名称	零件名称	材　料		零件图号
								45 钢		
序号	刀具号	刀具名称	刀具规格/mm		补偿值/mm		刀补号		备注	
			直径	长度	半径	长度	半径	长度		
1	T01	立铣刀(3 齿)	ϕ10	实测	5.3 5	实测	D01 D02		高速钢	

9.4.2　参考程序编制

9.4.2.1　工件坐标系的建立

以如图 9-7 所示的上表面中心作为 G54 工件坐标系原点。

9.4.2.2　基点坐标计算

如表 9-7 和表 9-8 中的坐标作为计算值。

9.4.2.3　参考程序

参考程序如表 9-10 所示。

表 9-10　　参考程序

主程序	
程　　序	说　　明
O9003	主程序名
N10 G54 G90 G17 G40 G90 G49 G21	设置初始状态
N20 G00 Z50	主轴到达安全高度
N30 G00 X12.5 Y-25 S400 M03	启动主轴,快速进给至下刀位置(点 1,图 9-7)
N40 G00 Z5 M09	接近工件,同时打开冷却液
N50 G01 Z0 F60	接近工件
N60 G01 X-12.5 Y-25 Z-2.5 F100	斜插下刀
N70 M98 P29005	调用 2 次 O9005 的子程序
N75 G00 Z50	抬刀
N80 X-12.5 Y0	快速定位刀型腔轮廓的 1 点(图 9-8)
N85 G00 Z0	下刀到 ZO
N90 G01 Z-2.5 F100	下刀到 Z-2.5mm 的位置
N95 M98 P9006 D01 F120	调用子程序 O9006,粗加工型腔轮廓
N100 M98 P9006 D02 F60 S600	调用子程序 O9006,精加工型腔轮廓
N105 G00 Z50 M09	*Z* 向抬刀至安全高度,关闭冷却液
N110 M05	主轴停
N115 M30	主程序结束

续表

子程序 1	
程　　序	说　　明
O9005	程序名
N120 X-12. 5 Y-12. 5	2→3
N130 X12. 5 Y-12. 5	3→4
N140 X12. 5 Y0	4→5
N150 X-12. 5 Y0	5→6
N160 X-12. 5 Y12. 5	6→7
N170 X12. 5 Y12. 5	7→8
N180 X12. 5 Y25	8→9
N190 X-12. 5 Y25	9→10
N200　M99	子程序结束
子程序 2	
O9006	子程序名
N10 G41 G01 X-12. 5 Y10	1→2(图 9-8),建立刀具半径补偿
N20 G03 X-22. 5 Y0 R10	2→3
N30 G01 Y-12. 5	3→4
N40 G03 X-12. 5 Y-22. 5 R10	4→5
N50 G01 X12. 5	5→6
N60 G03 X22. 5 Y-12. 5 R10	6→7
N70 G01 X22. 5 Y12. 5	7→8
N80 G03 X12. 5 Y22. 5 R10	8→9
N90 G01 X-12. 5	9→10
N100 G03 X-22. 5 Y12. 5 R10	10→11
N110 G01 Y0	11→3
N120 G03 X-12. 5 Y-10 R10	3→12
N130 G40 G00 X-12. 5 Y0	12→1,取消刀具半径补偿
N140 M99	子程序结束

项目 10　支撑座槽的数控加工

10.1　任务描述

加工如图 10-1 所示建筑提升机支撑座零件的槽。六面已加工，材料为 45 钢，单件生产。

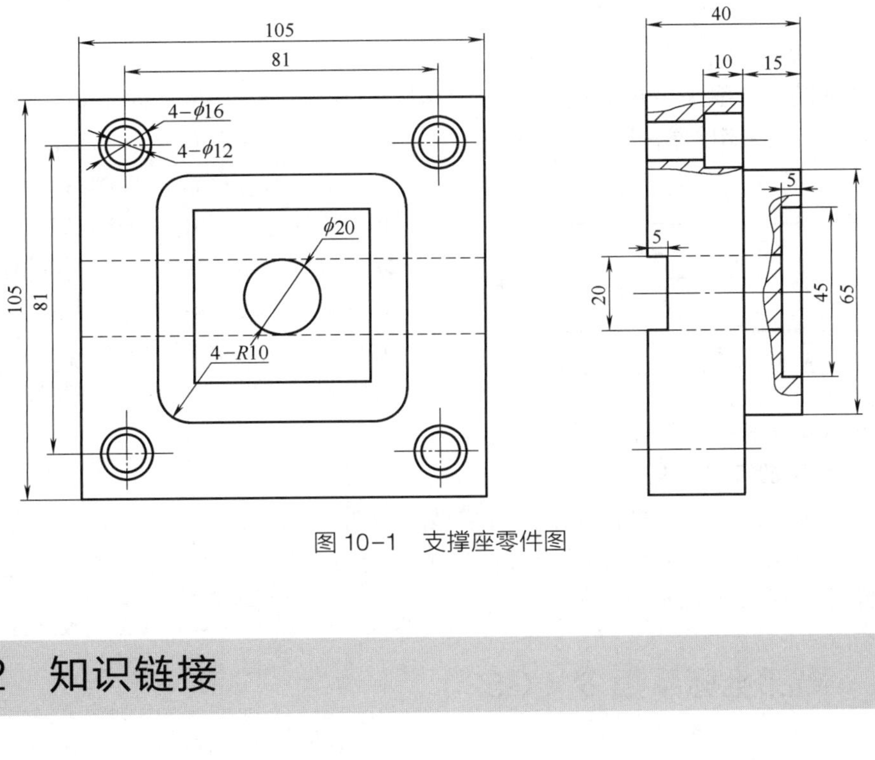

图 10-1　支撑座零件图

10.2　知识链接

10.2.1　键槽加工的工艺知识

10.2.1.1　键槽加工方法

（1）下刀方法

键槽加工的下刀方法通常有两种。

① 使用立铣刀斜插式下刀。使用立铣刀时，由于端面刃不过中心，一般不宜垂直下

刀，可以采用斜插式下刀。斜插式下刀，即在两个切削层之间，刀具从上一层的高度沿斜线以渐近的方式切入工件，达到下一层的高度后开始正式切削，如图 10-2 所示。采用斜插式下刀时要注意斜向切入的位置和角度的选择应适当，一般进刀角度为 5°～10°。

② 使用键槽铣刀沿 *Z* 向垂直下刀。使用键槽铣刀时，由于端面刃过中心，可以沿 *Z* 轴直接切入工件，如图 10-3 所示。

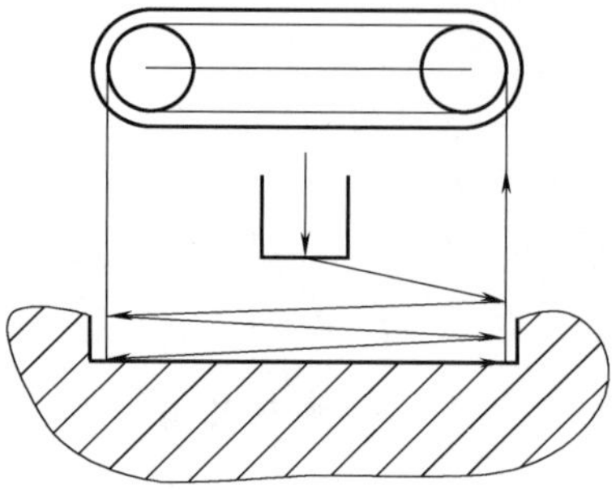

图 10-2 立铣刀斜插式下刀

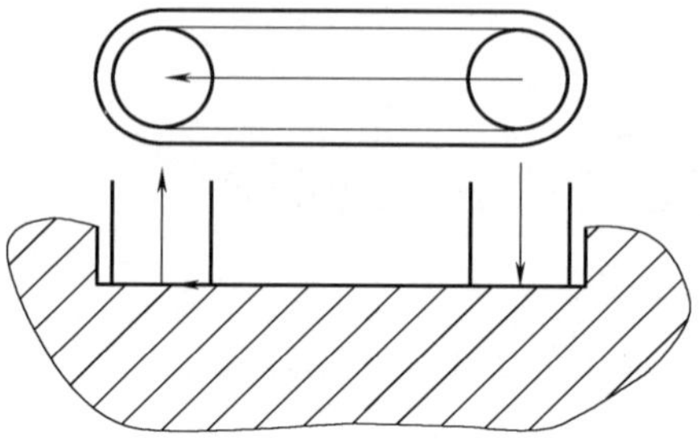

图 10-3 键槽铣刀垂直下刀

（2）加工刀路设计

铣削平键槽，一般采用与键槽宽度尺寸相同的刀具，沿工件 *Z* 向采用层切法逐渐切入工件，*Z* 向层间采用斜插式下刀或垂直下刀，铣削出平键槽长度尺寸和深度尺寸。

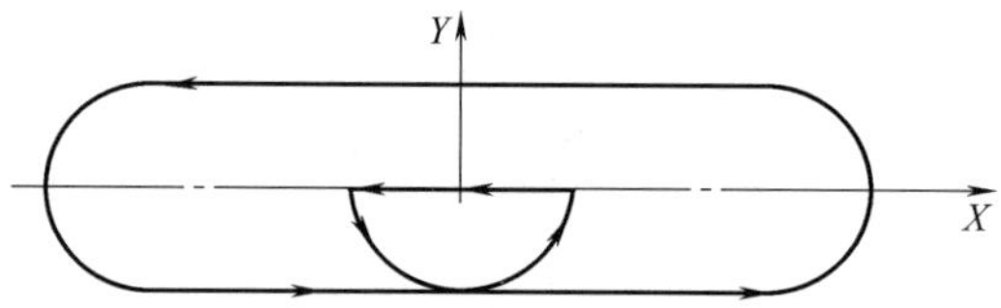

图 10-4 精加工走刀路线

加工精度较高的键槽时一般分为粗加工和精加工，采用小于键槽宽度尺寸的刀具。粗加工键槽时，其刀路如图 10-2、图 10-3 所示。精加工键槽时，普遍采用轮廓铣削法，如图 10-4 所示，顺铣，切向切入和切向切出，加工键槽侧面，保证键槽侧面的粗糙度和键槽的宽度尺寸。

10.2.1.2 键槽加工的刀具

键槽加工常用立铣刀和键槽铣刀。键槽铣刀如图 10-5 所示，圆柱面上和端面上都有切削刃，端面刃延伸至中心，使其兼有钻头和立铣刀的功能，能够实现沿 *Z* 轴垂直下刀。

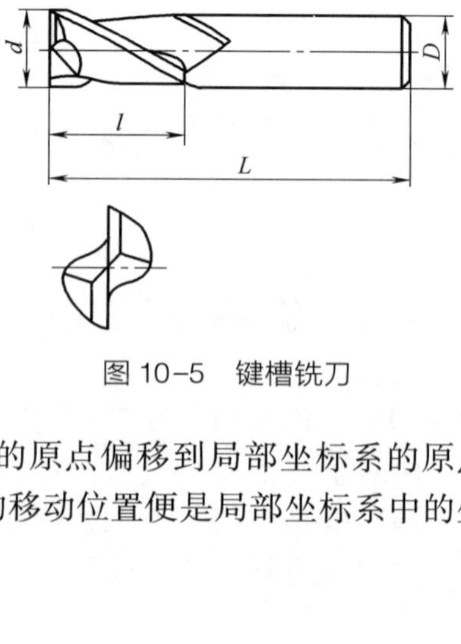

图 10-5 键槽铣刀

10.2.2 局部坐标系指令（G52）

10.2.2.1 指令格式

G52 X＿ Y＿ Z＿;

式中：X、Y、Z——指令局部坐标系原点在工件坐标系中的坐标值。

G52 指令指定的局部坐标系，相当于把工件坐标系的原点偏移到局部坐标系的原点上。在局部坐标系设定之后，若用绝对值（G90）指令的移动位置便是局部坐标系中的坐标位置。

10.2.2.2　**指令说明**

① 局部坐标系指令要求为一个独立程序段。

② 后面的偏移指令取代先前的偏移指令。

③ 局部坐标系指令可以对所有工件坐标系（G54~G59）零点进行偏移。

④ 当 G52 X0 Y0 Z0 时，即可取消局部坐标系。

⑤ 该指令为非模态指令。

【例 10-1】 如图 10-6 所示的刀具轨迹，使用局部坐标系编程。

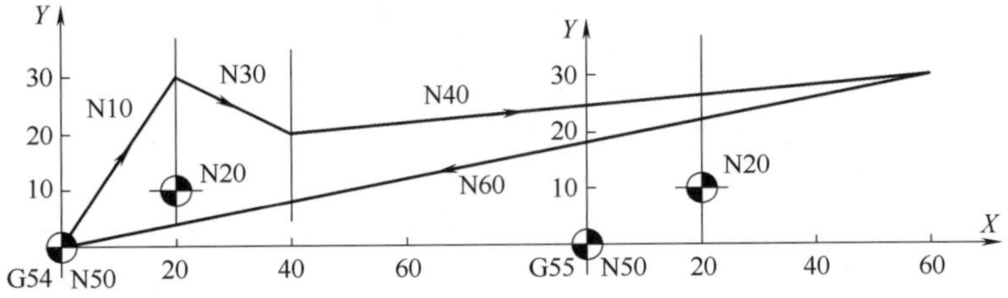

图 10-6　局部坐标系的应用

参考程序：

```
O1001
N10 G54 G90 G01 X20 Y30 F100;
N20 G52 X20 Y10;               局部坐标系设定（G54、G55 中同时有效）
N30 G54 G01 X20 Y10;
N40 G55 X40 Y20;
N50 G52 X0 Y0;                 局部坐标系取消（G54、G55 中同时有效）
N60 G54 X0 Y0;
N70 M30;
```

10.3　键槽铣削编程加工实例

加工如图 10-7 所示零件的键槽，毛坯为 80mm×80mm×30mm 长方形块（六面已加工），材料为 45 钢，单件生产。

10.3.1　加工工艺的确定

10.3.1.1　分析零件图样

该零件共有 5 个键槽，其中槽 1、2、3 尺寸相同，槽 4、5 尺寸相同，各槽的尺寸精度为 IT9~IT10，表面粗糙度为 *Ra*3.2μm。

10.3.1.2　工艺分析

（1）加工方案的确定

根据零件的加工要求，各键槽均采用粗铣→精铣的加工方案。

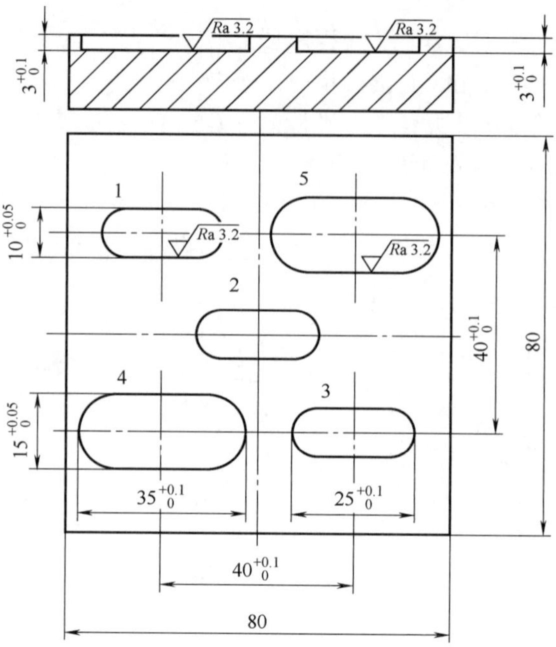

图 10-7 键槽零件图

（2）确定装夹方案

该零件为单件生产，且零件外形为长方体，可选用平口虎钳装夹，工件上表面高出钳口 5mm 左右。

（3）确定加工工序

加工工序如表 10-1 所示。

表 10-1 **数控加工工序卡片**

<table>
<tr><td colspan="3" rowspan="2">数控加工工序卡片</td><td colspan="2">产品名称</td><td colspan="2">零件名称</td><td colspan="2">材料</td><td colspan="3">零件图号</td></tr>
<tr><td colspan="2"></td><td colspan="2"></td><td colspan="2">45 钢</td><td colspan="3"></td></tr>
<tr><td>工序号</td><td>程序编号</td><td>夹具名称</td><td colspan="2">夹具编号</td><td colspan="3">使用设备</td><td colspan="4">车间</td></tr>
<tr><td></td><td></td><td>平口虎钳</td><td colspan="2"></td><td colspan="3"></td><td colspan="4"></td></tr>
<tr><td>工步号</td><td colspan="2">工步内容</td><td>刀具号</td><td colspan="2">主轴转速/（r/min）</td><td colspan="2">进给速度/（mm/r）</td><td colspan="2">背吃刀量/mm</td><td>侧吃刀量/mm</td><td>备注</td></tr>
<tr><td>1</td><td colspan="2">粗铣槽 1、2、3</td><td>T01</td><td colspan="2">800</td><td colspan="2">160</td><td colspan="2">3</td><td>8</td><td></td></tr>
<tr><td>2</td><td colspan="2">精铣槽 1、2、3</td><td>T01</td><td colspan="2">1000</td><td colspan="2">100</td><td colspan="2">3</td><td>0. 3</td><td></td></tr>
<tr><td>3</td><td colspan="2">粗铣槽 4、5</td><td>T02</td><td colspan="2">450</td><td colspan="2">100</td><td colspan="2">3</td><td>14</td><td></td></tr>
<tr><td>4</td><td colspan="2">精铣槽 4、5</td><td>T02</td><td colspan="2">600</td><td colspan="2">120</td><td colspan="2">3</td><td>0. 5</td><td></td></tr>
</table>

（4）进给路线的确定

① 粗加工进给路线。槽 1、2、3 的粗加工采用键槽铣刀，沿 Z 向垂直切入工件，其进给路线同精加工进给路线，如图 10-9 所示。槽 4、5 采用立铣刀，采用斜插式下刀，其进给路线如图 10-8 所示。

② 精加工进给路线。精加工进给路线采用圆弧切向切入和圆弧切向切出，如图 10-9 所示。

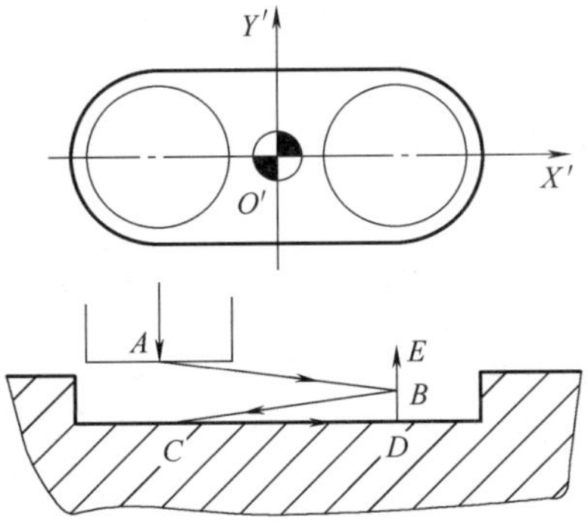

图 10-8　槽 4、 5 粗加工进给路线

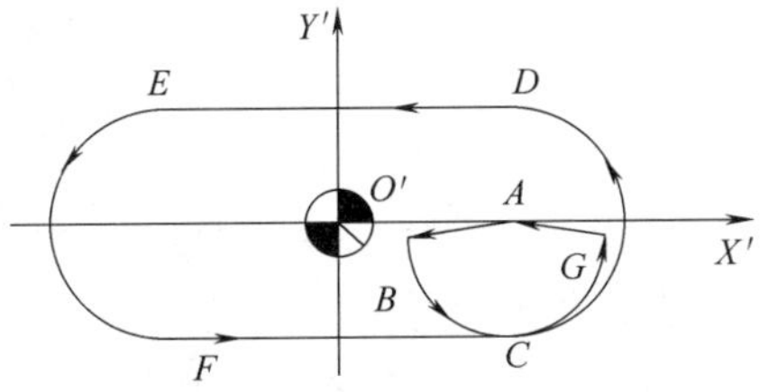

图 10-9　精加工进给路线

(5) 刀具及切削参数的确定

刀具及切削参数的确定，如表 10-2 所示。

表 10-2　数控加工刀具卡片

数控加工刀具卡片		工序号	程序编号		产品名称		零件名称	材　料		零件图号
								45 钢		
序号	刀具号	刀具名称	刀具规格/mm		补偿值/mm		刀补号		备注	
			直径	长度	半径	长度	半径	长度		
1	T01	键槽铣刀(2 齿)	ϕ8	实测	4.3 4		D01 D02		高速钢	
2	T02	立铣刀(4 齿)	ϕ14	实测			D03		高速钢	

10.3.2　参考程序编制

10.3.2.1　工件坐标系的建立

以如图 10-8 所示的上表面中心作为 G54 工件坐标系原点。

10.3.2.2　基点坐标计算

键槽几何中心在工件坐标系中的坐标如表 10-3 所示，即采用局部坐标系中的偏移值。

表 10-3　键槽几何中心坐标

槽 1	(-20,20)
槽 2	(0,0)
槽 3	(20,-20)
槽 4	(-20,-20)
槽 5	(20,20)

子程序中局部坐标系为键槽几何中心，局部坐标系中基点 A、B、C、D、E、F、G 点 (图 10-8) 在局部坐标系中的坐标值如表 10-4 所示。

表 10-4　子程序中各点在局部坐标系中的坐标

槽 1、2、3	A	(10.5,0)	槽 4、5	A	(10,0)
	B	(3,-0.5)		B	(2.8,-0.3)
	C	(10.5,-5)		C	(10,-10.5)
	D	(10.5,5)		D	(10,10.5)
	E	(-10.5,5)		E	(-10,10.5)
	F	(-10.5,5)		F	(-10,-10.5)
	G	(12,-0.5)		G	(110.2,-0.3)

10.3.2.3 参考程序

(1) 槽 1、2、3 的参考程序

槽 1、2、3 的参考程序如表 10-5 所示。

表 10-5　槽 1、2、3 的参考程序

主程序	
程　序	说　明
O1002	主程序名
N10 G90 G54 M03 S800	建立工件坐标系,启动主轴
N20 G00 Z50 M08	主轴到达安全高度,同时打开冷却液
N30 G52 X-20 Y20 Z0	工件坐标系偏移到槽 1 中心
N40 M98 P1011	调用子程序 O1011 粗加工槽 1
N50 G52 X0 Y0 Z0	工件坐标系偏移到槽 2 中心
N60 M98 P1011	调用子程序 O1011 粗加工槽 2
N70 G52 X20 Y-20 Z0	工件坐标系偏移到槽 3 中心
N80 M98 P1011	调用子程序 O1011 粗加工槽 3
N90 G52 X0 Y0 Z0	取消局部坐标系
N100 G00 Z50 M09	*Z* 向抬刀并关闭冷却液
N110 M05	主轴停
N120 G91 G00 Y200	*Y* 轴工作台前移,便于测量
N130 M00	程序暂停,进行测量
N140 G54 G90 G00 Y0 M03 S1000 M08	*Y* 轴返回,启动主轴,同时打开冷却液
N150 G52 X-20 Y20 Z0	工件坐标系偏移到槽 1 中心
N160 M98 P1012	调用子程序 O1012 精加工槽 1
N170 G52 X0 Y0 Z0	工件坐标系偏移到槽 2 中心
N180 M98 P1012	调用子程序 O1012 精加工槽 2
N190 G52 X20 Y-20 Z0	工件坐标系偏移到槽 3 中心
N200 M98 P1012	调用子程序 O1012 精加工槽 3
N210 G52 X0 Y0 Z0	取消局部坐标系
N220 G00 Z50 M09	*Z* 向抬刀至安全高度,关闭冷却液
N230 M05	主轴停
N240 M30	主程序结束

续表

粗加工子程序	
程　　序	说　　明
O1011	子程序名
N10 G00 X10.5 Y0	快速定位至局部坐标系中 *A* 点(图 10-8)
N20 G00 Z5.0	接近工件
N30 G01 Z-2.8 F80	下刀
N40 G41 G01 X3 Y-0.5 D01 F160	建立刀具半径补偿,*A*→*B*
N50 G03 X10.5 Y-5 R4.5	R4.5 圆弧切向切入,*B*→*C*
N60 G03 X10.5 Y5 R5	*C*→*D*
N70 G01 X-10.5 Y5	*D*→*E*
N80 G03 X-10.5 Y-5 R5	*E*→*F*
N90 G01 X10.5 Y-5	*F*→*C*
N100 G03 X12 Y-0.5 R4.5	R4.5 圆弧切向切出,*C*→*G*
N110 G40 G01 X10.5 Y0	取消刀具半径补偿,*G*→*A*
N120 G01 Z5	提刀,刀具退出键槽
N130 M99	子程序结束
精加工子程序	
程　　序	说　　明
O1012	子程序名
N10 G00 X10.5 Y0	快速定位至局部坐标系中 *A* 点(图 10-8)
N20 G00 Z5.0	接近工件
N30 G01 Z-3 F80	下刀
N40 G41 G01 X3 Y-0.5 D02 F100	建立刀具半径补偿,*A*→*B*
N50 G03 X10.5 Y-5 R4.5	R4.5 圆弧切向切入,*B*→*C*
N60 G03 X10.5 Y5 R5	*C*→*D*
N70 G01 X-10.5 Y5	*D*→*E*
N80 G03 X-10.5 Y-5 R5	*E*→*F*
N90 G01 X10.5 Y-5	*F*→*C*
N100 G03 X12 Y-0.5 R4.5	R4.5 圆弧切向切出,*C*→*G*
N110 G40 G01 X10.5 Y0	取消刀具半径补偿,*G*→*A*
N120 G01 Z5	提刀,刀具退出键槽
N130 M99	子程序结束
备注:子程序中坐标均为局部坐标系中的坐标	

(2) 槽 4、5 的参考程序

槽 4、5 的参考程序如表 10-6 所示。

表 10-6　　槽 4、5 的参考程序

主程序	
程　　序	说　　明
O1003	主程序名
N10 G90 G54 M03 S450	建立工件坐标系,启动主轴
N20 G00 Z50 M08	主轴到达安全高度,同时打开冷却液
N30 G52 X-20 Y-20 Z0	工件坐标系偏移到槽 4 中心
N40 M98 P1013	调用子程序 O1013 粗加工槽 4
N50 G52 X20 Y20 Z0	工件坐标系偏移到槽 5 中心
N60 M98 P1013	调用子程序 O1013 粗加工槽 5
N70 G52 X0 Y0 Z0	取消局部坐标系
N80 G00 Z50 M09	*Z* 向抬刀并关闭冷却液
N90 M05	主轴停
N100 G91 G00 Y200	*Y* 轴工作台前移,便于测量
N110 M00	程序暂停,进行测量
N120 G54 G90 G00 Y0 M03 S600 M08	*Y* 轴返回,启动主轴,同时打开冷却液
N130 G52 X-20 Y-20 Z0	工件坐标系偏移到槽 4 中心
N140 M98 P1014	调用子程序 O1014 精加工槽 4
N150 G52 X20 Y20 Z0	工件坐标系偏移到槽 5 中心
N160 M98 P1014	调用子程序 O1014 精加工槽 5
N170 G52 X0 Y0 Z0	取消局部坐标系
N180 G00 Z50 M09	*Z* 向抬刀至安全高度,并关闭冷却液
N190 M05	主轴停
N200 M30	主程序结束
粗加工子程序	
程　　序	说　　明
O1013	子程序名
N10 G00 X-10 Y0	*X*、*Y* 向快速定位至局部坐标系中 *A* 点(图 10-9)
N20 G00 Z1. 0	*Z* 向下刀至 *A* 点
N30 G01 X10 Z-1. 3 F100	斜向切削,*A*→*B*
N40 G01 X-10 Z-2. 9	斜向切削,*B*→*C*
N50 G01 X10	横向切削,*C*→*D*
N60 G01 Z5	提刀,刀具退出键槽
N70 M99	子程序结束
精加工子程序	
程　　序	说　　明
O1014	子程序名
N10 G00 X10 Y0	快速定位至局部坐标系中 A 点(图 10-9)

续表

程　序	说　明
N20 G00 Z5.0	接近工件
N30 G01 Z-3 F80	下刀
N40 G41 G01 X2.8 Y-0.3 D03 F120	建立刀具半径补偿，*A*→*B*
N50 G03 X10 Y-10.5 R10.2	*R*10.2 圆弧切向切入，*B*→*C*
N60 G03 X10 Y10.5 R10.5	*C*→*D*
N70 G01 X-10 Y10.5	*D*→*E*
N80 G03 X-10 Y-10.5 R10.5	*E*→*F*
N90 G01 X10 Y-10.5	*F*→*C*
N100 G03 X110.2 Y-0.3 R10.2	*R*10.2 圆弧切向切出，*C*→*G*
N110 G40 G01 X10 Y0	取消刀具半径补偿，*G*→*A*
N120 G01 Z5	提刀，刀具退出键槽
N130 M99	子程序结束
备注：子程序中坐标均为局部坐标系中的坐标	

10.4　任务实施

加工如图 10-1 所示的建筑提升机支撑座零件的槽加工。六面已加工，材料为 45 钢，单件生产。

10.4.1　加工工艺的确定

10.4.1.1　分析零件图样

该零件加工的槽宽为 20mm，深为 5mm，为底部的一个通槽。槽的尺寸精度为 IT9～IT10，表面粗糙度为 *R*a3.2。

10.4.1.2　工艺分析

（1）加工方案的确定

根据零件的加工要求，槽的加工采用粗铣→精铣的加工方案。

（2）确定装夹方案

该零件为单件生产，且零件外形为长方体，可选用平口虎钳装夹，工件上表面高出钳口 5mm 左右。

（3）确定加工工序

加工工序如表 10-7 所示。

（4）进给路线的确定

粗、精加工进给路线。粗、精加工采用立铣刀，沿 *Z* 向垂直切入工件，粗、精加工进给路线，如图 10-10 所示。

表 10-7 数控加工工序卡片

数控加工工序卡片			产品名称	零件名称		材料	零件图号		
						45 钢			
工序号	程序编号		夹具名称	夹具编号	使用设备		车间		
			平口虎钳						
工步号	工步内容		刀具号	主轴转速/(r/min)	进给速度/(mm/r)	背吃刀量/mm	侧吃刀量/mm	备注	
1	粗铣槽		T01	800	160	2.5	8		
2	精铣槽		T01	1000	100	5	0.3		

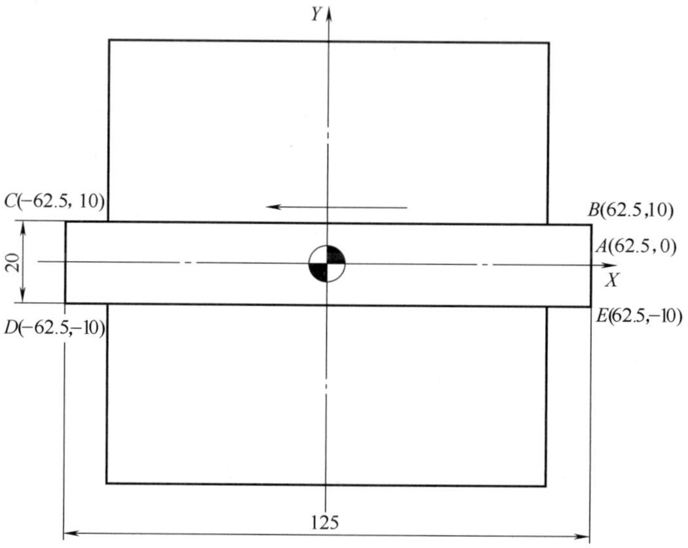

图 10-10 粗、精加工进给路线

(5) 刀具及切削参数的确定

刀具及切削参数的确定，如表 10-8 所示。

表 10-8 数控加工刀具卡片

数控加工刀具卡片			产品名称	零件名称		材料	零件图号		
						45 钢			
工序号	程序编号		夹具名称	夹具编号	使用设备		车间		
			平口虎钳						
工步号	工步内容		刀具号	主轴转速/(r/min)	进给速度/(mm/r)	背吃刀量/mm	侧吃刀量/mm	备注	
1	粗铣槽		T01	800	160	2.5	8		
2	精铣槽		T01	1000	100	5	0.3		

10.4.2 参考程序编制

10.4.2.1 工件坐标系的建立

以如图 10-10 所示的上表面中心作为 G54 工件坐标系原点。

10.4.2.2　基点坐标计算

槽在工件坐标系中的坐标如表 10-9 所示。

表 10-9　槽的坐标

A	(62.5,0)
B	(62.5,10)
C	(-62.5,10)
D	(-62.5,-10)
E	(62.5,-10)

10.4.2.3　参考程序

参考程序如表 10-10 所示。

表 10-10　参考程序

主程序	
程　序	说　明
O10003	主程序名
N10 G90 G54 M03 S800	建立工件坐标系,启动主轴
N20 G00 Z50 M08	主轴到达安全高度,同时打开冷却液
N30 X62.5 Y0	快速定位到 *A* 点
N35 Z5	下刀到 Z5
N40 G01 Z0 F100	下刀到 Z0
N45 D01 M98 P21013	调用子程序 O1013 粗加工槽
N50 D02 M98 P1013	调用子程序 O1013 精加工槽
N60 G00 Z50 M09	*Z* 向抬刀至安全高度,关闭冷却液
N70 M05	主轴停
N80 M30	主程序结束
子程序	
程　序	说　明
O1013	子程序名
N30 G01 Z-2.5 F80	下刀
N40 G41 G01 X62.5 Y10 F160	建立刀具半径补偿,*A*→*B*
N50 X-62.5 Y10	*B*→*C*
N60 X-62.5 Y-10	*C*→*D*
N70 X62.5 Y-10	*D*→*E*
N80 G40 X62.5 Y0	*E*→*A*,取消刀具半径补偿
N90 M99	子程序结束

项目 11　支撑座孔的数控加工

11.1　任务描述

加工如图 11-1 所示建筑提升机支撑座零件的 4-ϕ16mm 沉孔。六面已加工，材料为 45 钢，单件生产。

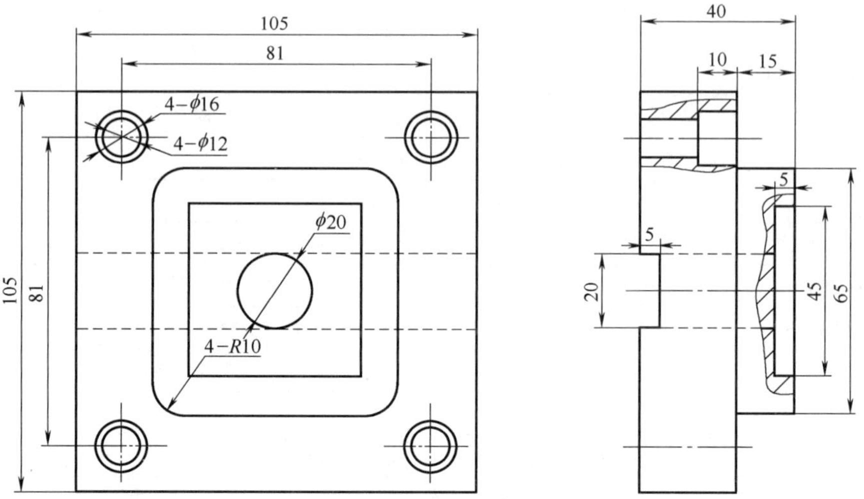

图 11-1　支撑座零件图

11.2　知识链接

11.2.1　孔加工的工艺知识

11.2.1.1　孔加工的方法

孔加工在金属切削中占有很大比重，应用广泛。在数控铣床上加工孔的方法很多，根据孔的尺寸精度、位置精度及表面粗糙度等要求，一般有点孔、钻孔、扩孔、锪孔、铰孔、镗孔及铣孔等方法。常用的孔加工方式及所能达到的精度，如表 11-1 所示。

表 11-1　　　　　　　　　　　　**常用的孔加工方法**

序号	加工方法	经济精度 IT	表面粗糙度 $Ra/\mu m$	适用范围
1	钻	11~13	12.50	加工未淬火钢及铸铁的实心毛坯,可用于加工有色金属。孔径大于 15~20mm
2	钻→铰	8~10	1.11~11.30	
3	钻→粗铰→精铰	7~8	0.80~1.11	
4	钻→扩	10~11	11.30~12.50	
5	钻→扩→铰	8~9	1.11~3.20	
6	钻→扩→粗铰→精铰	11~7	0.80~1.11	
7	钻→扩→机铰→手铰	11~7	0.20~0.40	
8	钻→扩→拉	7~9	0.10~1.11	大批量生产,精度由拉刀的精度而定
9	粗镗(扩孔)	11~13	11.30~12.50	除淬火钢外各种材料,毛坯有铸出或锻出孔
10	粗镗(扩孔)→半精镗(精扩)	9~10	1.11~3.20	
11	粗镗(扩孔)→半精镗(精扩)→精镗(铰)	7~8	0.80~1.11	
12	粗镗(扩孔)→半精镗(精扩)→精镗→浮动镗刀精镗	11~7	0.40~0.80	
13	粗镗(扩孔)→半精镗→磨孔	7~8	0.20~0.80	主要用于淬火钢,也可用于未淬火钢,但不宜用于有色金属
14	粗镗(扩孔)→半精镗→粗磨孔→精磨孔	11~7	0.10~0.20	
15	粗镗→半精镗→精镗→精细镗(金刚镗)	11~7	0.05~0.40	用于要求较高的有色金属加工
16	钻→(扩)→粗铰→精铰→珩磨 钻→(扩)→拉→珩磨 粗镗→半精镗→精镗→珩磨	11~7	0.025~0.200	精度要求很高的孔
17	钻→(扩)→粗铰→精铰→研磨 钻→(扩)→拉→研磨 粗镗→半精镗→精镗→研磨	5~11	0.0011~0.1000	

注:① 对于直径大于 ϕ30mm 的已铸出或锻出的毛坯孔的加工,一般采用粗镗→半精镗→孔口倒角→精镗的加工方案;孔径较大的可采用立铣刀粗铣→精铣加工方案。

② 对于直径小于 ϕ30mm 无底孔的加工,通常采用锪平端面→打中心孔→钻→扩→孔口倒角→铰加工方案,对有同轴度要求的小孔,需采用锪平端面→打中心孔→钻→半精镗→孔口倒角→精镗(或铰)加工方案。

11.2.1.2　孔加工的刀具

(1) 钻孔刀具及其选择

钻孔刀具较多，有普通麻花钻、可转位浅孔钻、喷吸钻及扁钻等。应根据工件材料、加工尺寸及加工质量要求等合理选用。

在数控镗铣床上钻孔，普通麻花钻应用最为广泛，尤其是加工 ϕ30mm 以下的孔时，以麻花钻为主，如图 11-2 所示。

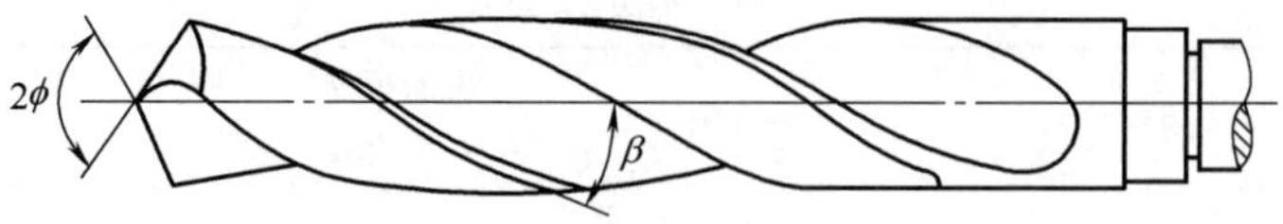

图 11-2 普通麻花钻

在数控镗铣床上钻孔，因无钻模导向，受两种切削刃上切削力不对称的影响，容易引起钻孔偏斜。为保证孔的位置精度，在钻孔前最好先用中心钻钻一中心孔，或用一刚性较好的短钻头钻一个小坑。

中心钻主要用于孔的定位，由于切削部分的直径较小，所以用中心钻钻孔时应选取较高的转速。

对深径比大于 5 而小于 100 的深孔，由于加工过程散热差，排屑困难，钻杆刚性差，易使刀具损坏和引起孔的轴线偏斜，影响加工精度和生产率，故应选用深孔刀具加工。

（2）扩孔刀具及其选择

扩孔多采用扩孔钻，也有的用立铣刀或镗刀扩孔。扩孔钻可用来扩大孔径，提高孔加工精度。用扩孔钻扩孔的精度可达 IT11～IT10，表面粗糙度值可达 *R*a11.3～3.2μm。扩孔钻与麻花钻相似，但齿的数量较多，一般为 3～4 个。扩孔钻加工余量小，主切削刃较短，无须延伸到中心，无横刃，加之齿数较多，可选择较大的切削用量。如图 11-3 所示为整体式扩孔钻和套式扩孔钻。

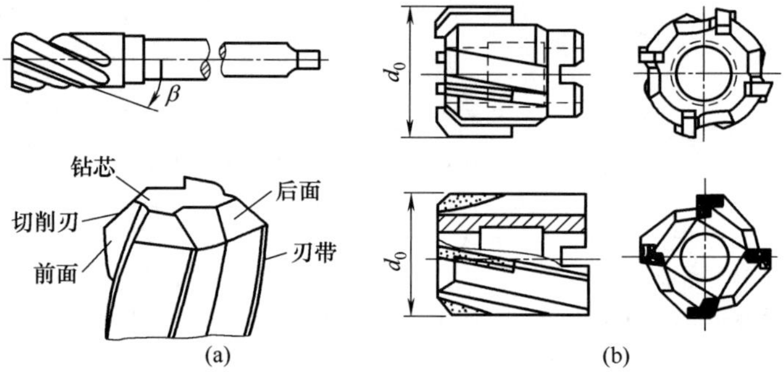

图 11-3 扩孔钻

（a）整体式 （b）套式

（3）铰孔刀具及其选择

铰孔加工精度一般可达 IT9～IT8 级，孔的表面粗糙度值可达 *R*a1.11～0.80μm，可用于孔的精加工，也可用于磨孔或研孔前的预加工。铰孔只能提高孔的尺寸精度、形状精度和减小表面粗糙度值，不能提高孔的位置精度。因此，对于精度要求较高的孔，在铰削前应先进行减少和消除位置误差的预加工，才能保证铰孔质量。如图 11-4 所示为直柄机用铰刀和套式机用铰刀。

（4）镗孔加工刀具及其选择

镗孔是数控镗铣床上的主要加工内容之一，它能精确地保证孔系的尺寸精度和形位精度，并纠正上道工序的误差。在数控镗铣床上进行镗孔加工通常采用悬臂方式，因此要求镗刀有足够的刚性和较好的精度。

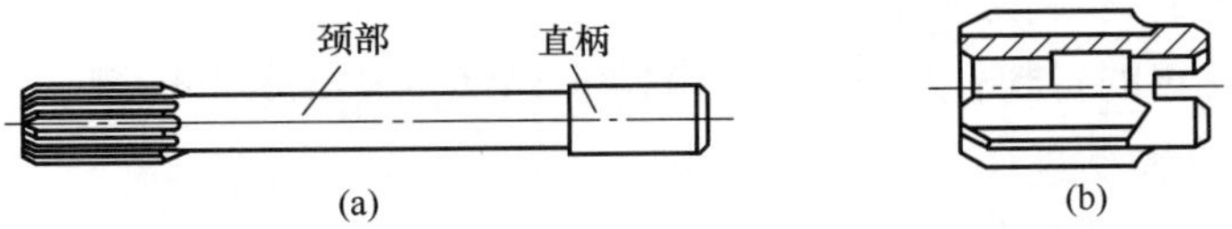

图 11-4　铰刀

（a）直柄机用铰刀　（b）套式机用铰刀

镗孔加工精度一般可达 IT7～IT11，表面粗糙度值可达 *R*a11.3～0.8μm。为适应不同的切削条件，镗刀有多种类型。按镗刀的切削刃数量可分为单刃镗刀［图 11-5（a）］和双刃镗刀［图 11-5（b）］。

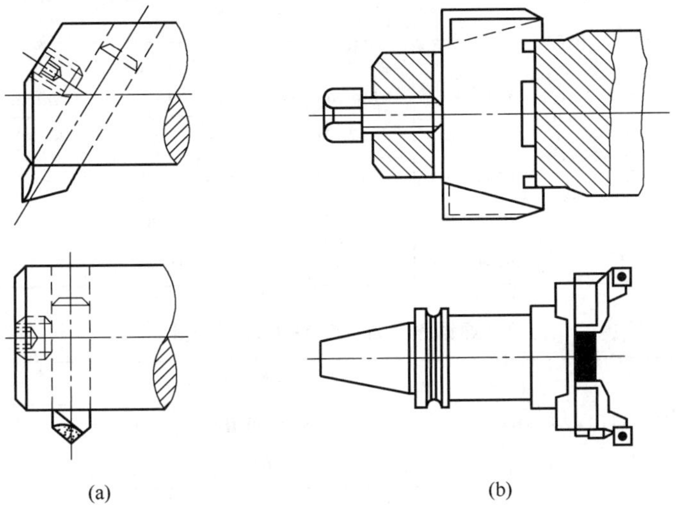

图 11-5　镗刀

（a）单刃镗刀　（b）双刃镗刀

在精镗孔中，目前较多选用精密微调镗刀，如图 11-6 所示。这种镗刀的径向尺寸可以在一定范围内进行微调，且调节方便，精度高。

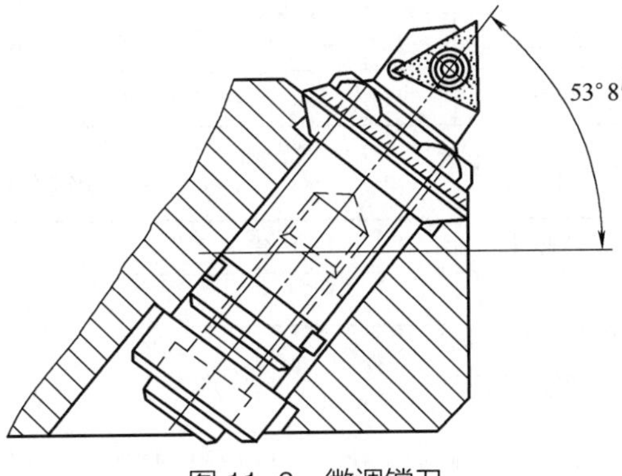

图 11-6　微调镗刀

11.2.1.3　孔加工的切削参数及加工余量

（1）孔加工的切削参数

表 11-2～表 11-5 列出了部分孔加工切削用量，供选择时参考。

（2）孔加工的加工余量

表 11-6 中列出了在实体材料上加工孔的方式及加工余量，供选择时参考。

11.2.1.4　攻螺纹的加工工艺

（1）底孔直径的确定

攻螺纹之前要先打底孔，底孔直径的确定方法如下：

对钢和塑性大的材料：$D_{孔}=D-P$

对铸铁和塑性小的材料：$D_{孔}=D-(1.05\sim1.1)P$

式中：$D_{孔}$——螺纹底孔直径，mm；

D——螺纹大径，mm；

P——螺距，mm。

表 11-2　高速钢钻头加工钢件的切削用量

钻头直径/mm	材料强度					
	$\delta_b=520\sim700$MPa（35 钢、45 钢）		$\delta_b=700\sim900$MPa（15Cr、20Cr）		$\delta_b=1000\sim1100$MPa（合金钢）	
	切削用量					
	v_c/(m/min)	f/(mm/r)	v_c/(m/min)	f/(mm/r)	v_c/(m/min)	f/(mm/r)
1~11	8~25	0. 05~0. 10	12~30	0. 05~0. 10	8~15	0. 03~0. 08
11~12	8~25	0. 10~0. 20	12~30	0. 10~0. 20	8~15	0. 08~0. 15
12~22	8~25	0. 20~0. 30	12~30	0. 20~0. 30	8~15	0. 15~0. 25
22~50	8~25	0. 30~0. 45	12~30	0. 30~0. 54	8~15	0. 25~0. 35

表 11-3　高速钢钻头加工铸铁的切削用量

钻头直径/mm	材料强度					
	1110~200HBS		200~400HBS		300~400HBS	
	切削用量					
	v_c/(m/min)	f/(mm/r)	v_c/(m/min)	f/(mm/r)	v_c/(m/min)	f/(mm/r)
1~11	111~24	0. 07~0. 12	10~18	0. 05~0. 10	5~12	0. 03~0. 08
11~12	111~24	0. 12~0. 20	10~18	0. 10~0. 18	5~12	0. 08~0. 15
12~22	111~24	0. 20~0. 40	10~18	0. 18~0. 25	5~12	0. 15~0. 20
22~50	111~24	0. 40~0. 80	10~18	0. 25~0. 40	5~12	0. 20~0. 30

表 11-4　高速钢铰刀铰孔的切削用量

工件材料	铸铁		钢及合金钢		铝铜及其合金	
铰刀直径/mm	切削用量					
	v_c/(m/min)	f/(mm/r)	v_c/(m/min)	f/(mm/r)	v_c/(m/min)	f/(mm/r)
11~10	2~11	0. 30~0. 50	1. 20~5	0. 30~0. 40	8~12	0. 30~0. 50
10~15	2~11	0. 50~1	1. 20~5	0. 40~0. 50	8~12	0. 50~1
15~25	2~11	0. 80~1. 50	1. 20~5	0. 50~0. 11	8~12	0. 80~1. 50
25~40	2~11	0. 80~1. 50	1. 20~5	0. 40~0. 11	8~12	0. 80~1. 50
40~110	2~11	1. 20~1. 80	1. 20~5	0. 50~0. 11	8~12	1. 50~2

表 11-5　　镗孔切削用量

工件材料		铸铁		钢及合金钢		铝及其合金	
工序	刀具材料	切削用量					
		v_c/(m/min)	f/(mm/r)	v_c/(m/min)	f/(mm/r)	v_c/(m/min)	f/(mm/r)
粗加工	高速钢 合金钢	20~25 35~50	0.40~0.45	15~30 50~70	0.35~0.70	100~150 100~250	0.5~1.5
半精加工	高速钢 合金钢	20~35 50~70	0.15~0.45	15~50 95~135	0.15~0.45	100~200	0.2~0.5
精加工	高速钢 合金钢	70~90	D1 级<0.08 D 级 0.12~0.15	100~135	0.02~0.15	150~400	0.011~0.100

表 11-6　　在实体材料上加工孔的方式及加工余量

加工孔的直径/mm	直径							
	钻		粗加工		半精加工		精加工(H7、H8)	
	第一次	第二次	粗镗	扩孔	粗铰	半精镗	精铰	精镗
3	2.90	—	—	—	—	—	3	—
4	3.90	—	—	—	—	—	4	—
5	4.80	—	—	—	—	—	5	—
6	5.00	—	—	5.85	—	—	6	—
8	7.00	—	—	7.85	—	—	8	—
10	9.00	—	—	9.85	—	—	10	—
12	11.00	—	—	11.85	11.95	—	12	—
13	12.00	—	—	12.85	12.95	—	13	—
14	13.00	—	—	13.85	13.95	—	14	—
15	14.00	—	—	14.85	14.95	—	15	—
16	15.00	—	—	15.85	15.95	—	16	—
18	17.00	—	—	17.85	17.95	—	18	—
20	18.00	—	19.80	19.80	19.95	19.90	20	20
22	20.00	—	21.80	21.80	21.95	21.90	22	22
24	22.00	—	23.80	23.80	23.95	23.90	24	24
25	23.00	—	24.80	24.80	24.95	24.90	25	25
26	24.00	—	25.80	25.80	25.95	25.90	26	26
28	26.00	—	27.80	27.80	27.95	27.90	28	28
30	15.00	28.00	29.80	29.80	29.95	29.90	30	30
32	15.00	30.00	31.70	31.75	31.93	31.90	32	32
35	20.00	33.00	34.70	34.75	34.93	34.90	35	35
38	20.00	36.00	37.70	37.75	37.93	37.90	38	38
40	25.00	38.00	39.70	39.75	39.93	39.90	40	40
42	25.00	40.00	41.70	41.75	41.93	41.90	42	42
45	30.00	43.00	44.70	44.75	44.93	44.90	45	45
48	36.00	46.00	47.70	47.75	47.93	47.90	48	48
50	36.00	48.00	49.70	49.75	49.93	49.90	50	50

（2）盲孔螺纹底孔深度

盲孔螺纹底孔深度的计算方法如下：

盲孔螺纹底孔深度=螺纹孔深度+0.7d

式中：d——钻头的直径，mm。

（3）攻螺纹刀具

丝锥是数控机床加工内螺纹的一种常用刀具，其基本结构是一个轴向开槽的外螺纹。丝锥的容屑槽一般制成直的，也有的做成螺旋形，螺旋形更容易排屑。加工右旋通孔螺纹时，选用左旋丝锥；加工右旋不通孔螺纹时，选用右旋丝锥，如图 11-7 所示。

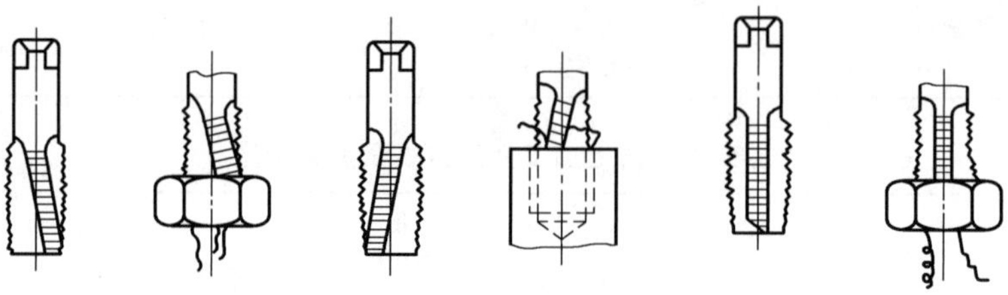

图 11-7　丝锥

11.2.1.5　孔加工路线安排

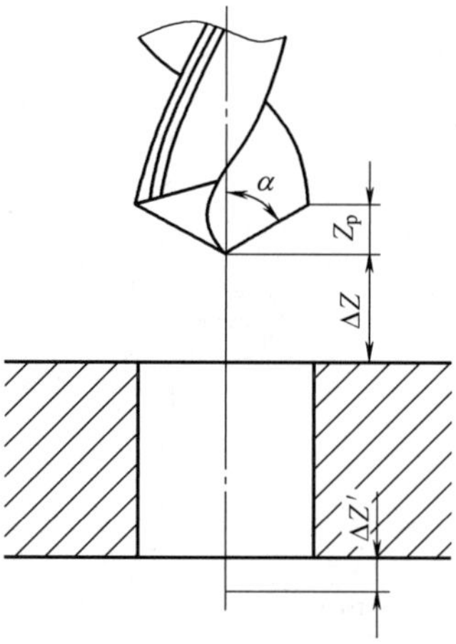

图 11-8　孔加工导入量与超越量

（1）孔加工导入量与超越量

孔加工导入量（图 11-8 中 ΔZ）是指在孔加工过程中，刀具自快进转为工进时，刀尖点位置与孔上表面的距离。孔加工导入量可参照表 11-7 选取。

孔加工超越量（图 11-8 中的 $\Delta Z'$）：当钻通孔时，超越量通常取 Z_P+(1~3) mm，Z_P 为钻尖高度（通常取 0.3 倍钻头直径）；铰通孔时，超越量通常取 3~5mm；镗通孔时，超越量通常取 1~3mm；攻螺纹时，超越量通常取 5~8mm。

（2）相互位置精度高的孔系的加工路线

对于位置精度要求较高的孔系加工，特别要注意孔的加工顺序的安排，避免将坐标轴的反向间隙带入，影响位置精度。

表 11-7　孔加工导入量　　单位：mm

加工方法	表面状态	
	已加工表面	毛坯表面
钻孔	2~3	5~8
扩孔	3~5	5~8
镗孔	3~5	5~8
铰孔	3~5	5~8
铣削	3~5	5~8
攻螺纹	5~10	5~10

【例 11-1】 镗削如图 11-9（a）所示零件上的 4 个孔。

若按如图 11-9（b）所示进给路线加工，由于孔 4 与孔 1、孔 2、孔 3 的定位方向相反，*Y* 向反向间隙会使定位误差增加，从而影响孔 4 与其他孔的位置精度。按如图 11-9（c）所示进给路线加工完孔 3 后向上移动一段距离至 *P* 点，然后再折回来在孔 4 处进行定位加工，这样方向一致，就可避免反向间隙的引入，提高了孔 4 的定位精度。

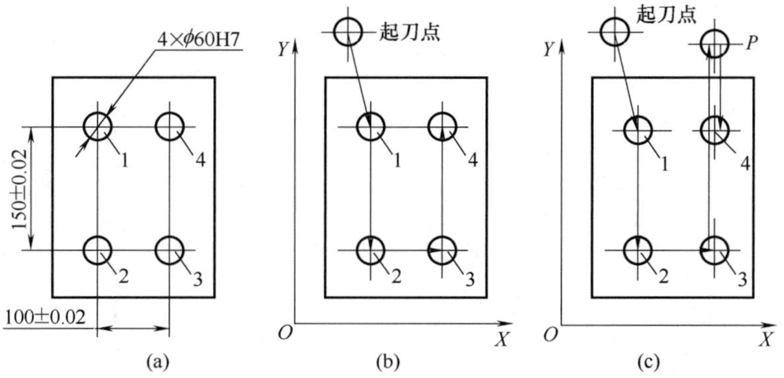

图 11-9　孔加工进给路线

11.2.2　编程指令

11.2.2.1　刀具长度补偿指令

（1）刀具长度补偿功能

通常在数控铣床（加工中心）上加工一个零件要使用多把刀具，由于每把刀具长度不同，所以每次换刀后，刀具 *Z* 方向移动时，需要对刀具进行长度补偿，让不同长度的刀具在编程时 *Z* 方向坐标统一。

（2）刀具长度补偿指令

① 建立刀具长度补偿。

指令格式：

$$\begin{Bmatrix} G17 \\ G18 \\ G19 \end{Bmatrix} \begin{Bmatrix} G43 \\ G44 \end{Bmatrix} \begin{Bmatrix} G00 \\ G01 \end{Bmatrix} X\_\ Y\_\ Z\_\ H\_;$$

式中：G17~G19——坐标平面选择指令；

G43——正向补偿，如图 11-10（a）所示，即把编程的 Z 值加上 H 代码指定的偏值寄存器中预设的数值后作为 CNC 实际执行的 *Z* 坐标移动值；

G44——负向补偿，如图 11-10（b）所示，即将编程的 Z 值减去 H 代码指定的偏值寄存器中预设的数值后作为 CNC 实际执行的 *Z* 坐标移动值；

X、Y、Z——建立刀具长度补偿时目标点坐标；

H——刀具长度补偿号。

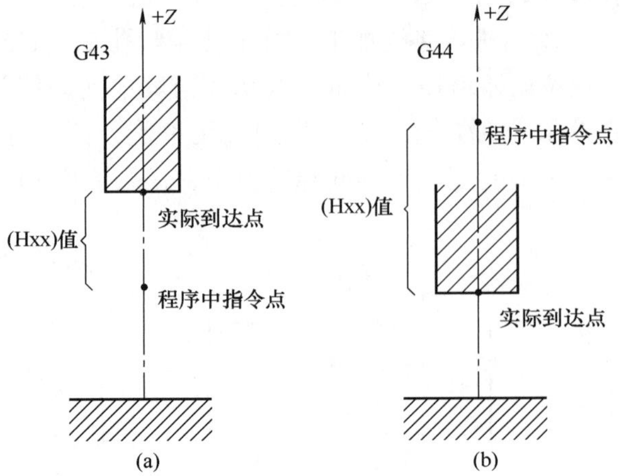

图 11-10　刀具长度补偿

② 取消长度补偿。

指令格式：G49 或 H00；

G49 是用来取消 G43（G44）指令的。在实际加工中可以不使用这个指令，因为每把刀具都有自己的长度补偿，当换刀时，利用 G43（G44）H 指令赋予了自己的刀长补偿而自动取消了前一把刀具的长度补偿。

H00 里的值永远为零，即补偿为零，达到取消长度补偿的效果。

【例 11-2】 如图 11-11 所示零件，*O* 为编程原点，刀具在 *O* 点，设（H02）= 110mm，其程序如下：

```
O11001
N10 G92 X0 Y0 Z0;                    设定当前点 O 为编程原点
N20 G90 G00 G44 Z10 H02 M03 S500;    指定点 A，实到点 B
N30 G01 Z-20 F80;                    实到点 C
N40 Z10;                             实际返回点 B
N50 G00 G49 Z0;                      实际返回点 O
N110 M30;
```

也可以将程序中 G44 改为 G43，这时需设（H02）= -110mm。

（3）确定刀具长度补偿的三种方式

刀具长度补偿值和 G54 中的 Z 值有关。

① 用刀具的实际长度作为刀长的补偿（推荐使用这种方式）。

使用刀长作为补偿就是使用对刀仪测量刀具的长度，然后把这个数值输入刀具长度补偿寄存器中，作为刀长补偿。此时 G54 中的 Z 值应为主轴回零后，主轴锥孔底面至工件上表面的距离（工件上表面一般为工件坐标系的 *Z*0 面）。如图 11-12 所示，G54 中的 $Z=-L$，$H01=L_1$，$H02=L_2$，$H03=L_3$。

② 以其中一把长刀作为标准刀具，这个标准刀具的长度补偿值为 0，实际刀具长度与标准刀具长度的差值作为该刀具的长度补偿数值设置到其所使用的 H 代码地址内。

此时 G54 中的 Z 值应为主轴回零后，基准刀刀尖至工件上表面的距离。如图 11-12

所示，若以 1 号刀作为基准刀，即 G54 中的 $Z=-N_1$，$H01=0$，$H02=L_2-L_1$，$H03=L_3-L_1$。

③ 用每把刀具到工件坐标系原点的距离作为各把刀的刀长补偿，该值一般为负。

此时用于设定工件坐标系偏置的 G54 的 Z 值为 0；如图 11-12 所示，若以 1 号刀作为基准刀，即 G54 中的 $Z=0$，$H01=-N_1$，$H02=-N_2$，$H03=-N_3$。

（4）指令说明

① G43、G44 指令是模态指令。

② 刀具长度补偿的偏置轴为垂直于 G17、G18 或 G19 指定平面的轴。

③ H00~H99 为刀具补偿号，H00 意味着取消刀具补偿。刀具补偿值在加工或试运行之前须设定在补偿存储器中。

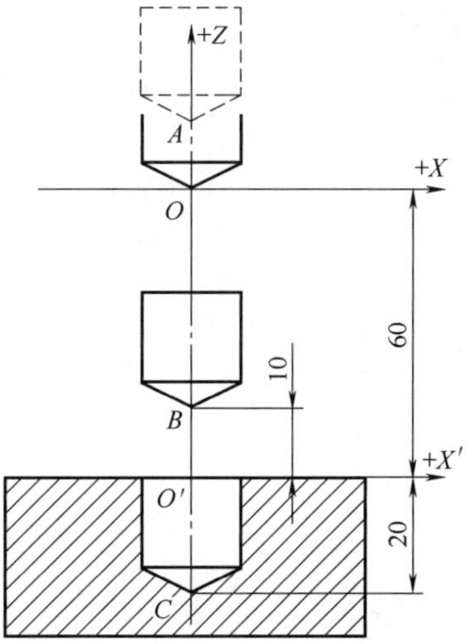

图 11-11　刀具长度补偿应用

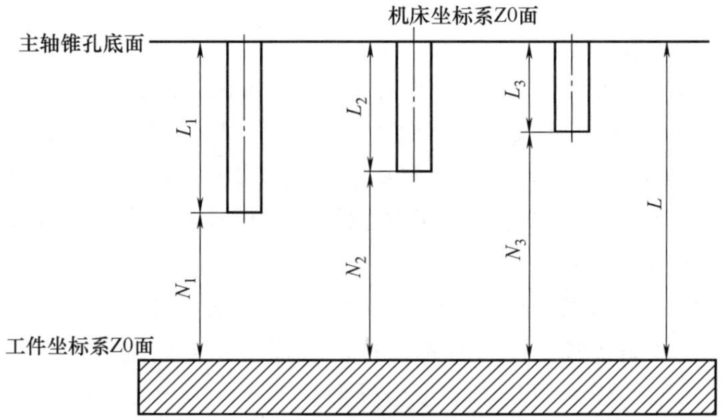

图 11-12　确定刀具长度补偿的方法

11.2.2.2　固定循环指令

数控加工中，某些加工动作循环已经典型化。例如，钻孔、镗孔的动作是孔位平面定位、快速引进、工作进给、快速退回等，这样一系列典型的加工动作已经预先编好程序，存储在内存中，可用包含 G 代码的一个程序段调用，从而简化编程工作。这种包含了典型动作循环的 G 代码称为循环指令。

（1）孔加工固定循环动作

孔加工固定循环由 6 个顺序的动作组成，如图 11-13 所示。

① 动作 1：*AB* 段，刀具在安全平面高度，在定位平面内快速定位。

② 动作 2：*BR* 段，快进至 *R* 点平面。

③ 动作 3：*RZ* 段，孔加工。

④ 动作 4：*Z* 点，孔底动作（如进给暂停、主轴停止、主轴准停、刀具偏移等）。

⑤ 动作 5：*ZR* 段，退回到 *R* 点平面。

⑥ 动作 11：*RB* 段，退回到初始平面。

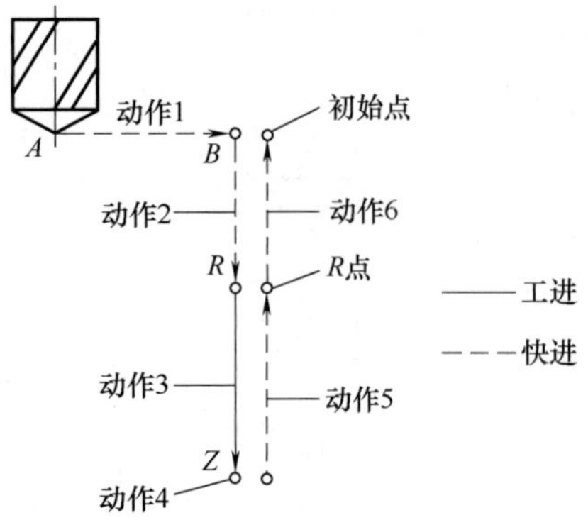

图 11-13 固定循环动作

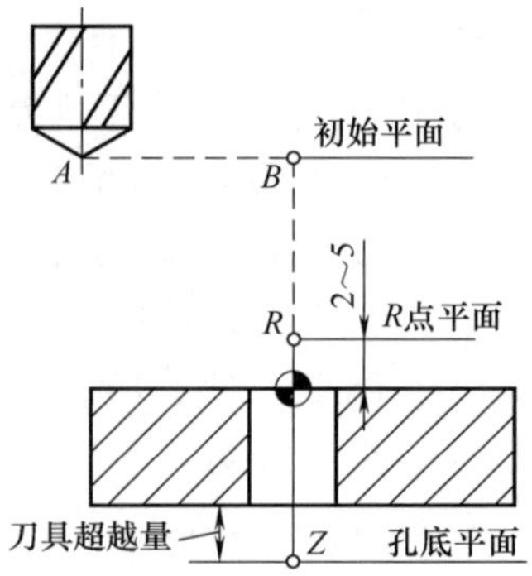

图 11-14 固定循环平面

（2）固定循环的平面

固定循环的平面如图 11-14 所示。

① 初始平面。初始平面是为安全下刀而规定的一个平面。初始平面可以设定在任意一个安全高度上。当使用同一把刀具加工多个孔时，刀具在初始平面内的任意移动都不会与夹具、工件凸台等发生干涉。

② *R* 点平面。*R* 点平面又称为 *R* 参考平面。这个平面是刀具下刀时，自快进转为工进的高度平面，距工件表面的距离主要考虑工件表面的尺寸变化，一般情况下取 2~5mm。

③ 孔底平面。加工不通孔时，孔底平面就是孔底的 *Z* 轴高度。而加工通孔时，除要考虑孔底平面的位置外，还要考虑刀具的超越量，以保证所有孔深都加工到尺寸。

（3）孔加工固定循环指令

指令格式：G90/G91 G98/G99 G73~G89 X __ Y __ Z __ R __ P __ Q __ F __ K __；

式中：G90/G91——数据形式。G90 沿着钻孔轴的移动距离用绝对坐标值；G91 沿着钻孔轴的移动距离用增量坐标值；

G98/G99——选择返回点平面指令。G98 表示孔加工完，返回初始平面；G99 表示孔加工完，返回 *R* 点平面；

G73~G89——具体的孔加工循环指令，后文详细讲解；

Z——孔底的位置。G90 时为孔底的绝对坐标，注意若为通孔，应超出孔底一段距离，一般为 2~5mm；G91 时为从 *R* 点平面到孔底的距离；

R——*R* 点平面的位置。G90 时为 *R* 点平面的绝对坐标；G91 时为从初始平面到 R 平面的距离；

P——孔底的暂停时间，单位为 ms；

Q——只在 4 个指令中有用。在 G73 和 G83 中，指每次下刀的深度；在 G76 和 G87 中，指让刀量；

F——孔加工时的进给速度；

K——指定加工孔的重复次数。

【例 11-3】 加工图 11-15 所示的孔，分别使用 G90、G91 方式编程。

G90 方式：G90 G99 G73 X __ Y __ Z-30 R5 Q5 F __；如图 11-15（a）所示。

G91 方式：G91 G99 G73 X __ Y __ Z-35 R-30 Q5 F __；如图 11-15（b）所示。

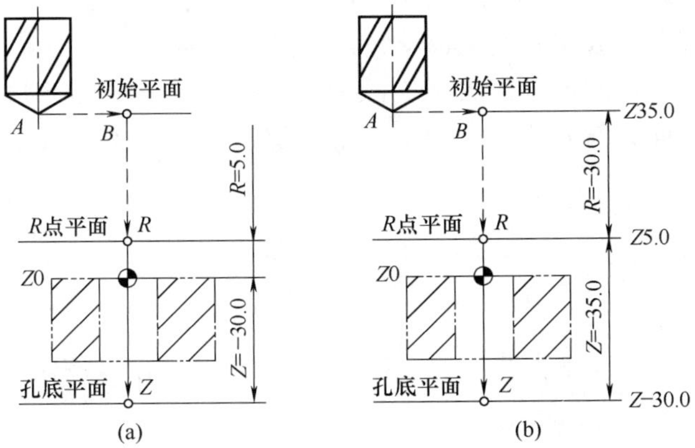

图 11-15　G90 与 G91 方式

(a) G90 方式　(b) G91 方式

(4) 具体孔加工固定循环指令

FANUC 系统共有 12 种孔加工固定循环指令，如表 11-8 所示，下面对其中的部分指令加以介绍。

表 11-8　FANUC 系统孔加工固定循环指令

G 代码	加工运动(Z 轴负向)	孔底动作	返回运动(Z 轴正向)	应用
G73	间歇进给		快速移动	高速深孔钻循环
G74	切削进给	主轴停止→主轴正转	切削进给	攻左螺纹循环
G76	切削进给	主轴定向停止	快速移动	精镗孔循环
G80				固定循环取消
G81	切削进给		快速移动	钻孔循环
G82	切削进给	暂停	快速移动	沉孔钻孔循环
G83	间歇进给		快速移动	深孔钻循环
G84	切削进给	主轴停止→主轴反转	切削进给	攻右螺纹循环
G85	切削进给		切削进给	铰孔循环
G86	切削进给	主轴停止	快速移动	镗孔循环
G87	切削进给	主轴停止	快速移动	背镗孔循环
G88	切削进给	暂停→主轴停止	手动操作	镗孔循环
G89	切削进给	暂停	切削进给	镗孔循环

① 高速深孔钻循环指令（G73）。

指令格式：G73 X __ Y __ Z __ R __ Q __ P __;

指令说明：孔加工动作如图 11-16 所示。分多次工作进给，每次进给的深度由 Q 指定（一般 2~3mm），且每次工作进给后都快速退回一段距离 d，d 值由参数设定（通常为 0. 1mm）。这种加工方法，通过 Z 轴的间断进给可以比较容易地实现断屑与排屑。

② 攻左旋螺纹循环指令（G74）。

指令格式：G74 X __ Y __ Z __ R __ F __;

指令说明：加工动作如图 11-17 所示。图中 CW 表示主轴正转，CCW 表示主轴反转。此指令用于攻左旋螺纹，故需先使主轴反转，再执行 G74 指令，刀具先快速定位至 X、Y 所指定的坐标位置，再快速定位到 *R* 点，接着以 F 所指定的进给速度攻螺纹至 *Z* 点，主轴转换为正转且同时向 *Z* 轴正方向退回至 *R* 点，退至 *R* 点后主轴恢复原来的反转。

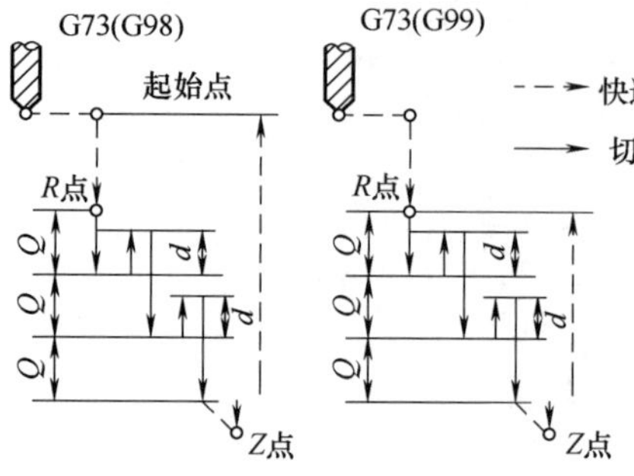

图 11-16　G73 动作

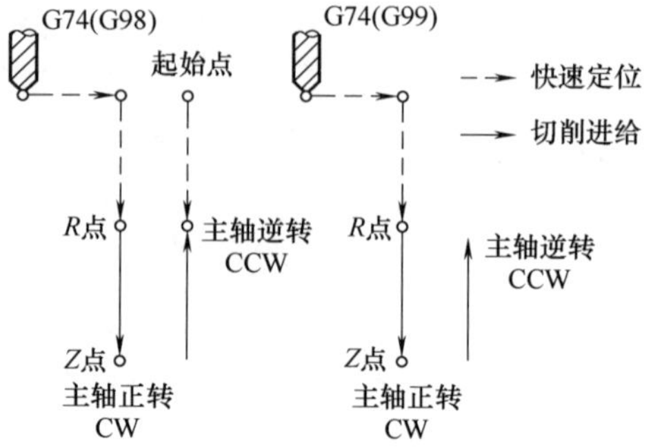

图 11-17　G74 动作

攻螺纹的进给速度可用下式计算：

$$v_f = P \cdot n$$

式中：v_f——攻螺纹的进给速度，mm/min；

　　P——螺纹导程，mm；

　　n——主轴转速，r/min。

③ 精镗孔循环指令（G76）。

指令格式：G76 X __ Y __ Z __ R __ Q __ P __ F __;

说明：孔加工动作如图 11-18 所示。图中 OSS 表示主轴准停，Q 表示刀具移动量。采用这种方式镗孔可以保证提刀时不至于划伤内孔表面。执行 G76 指令时，镗刀先快速定位至 *X*、*Y* 坐标点，再快速定位到 *R* 点，接着以 F 指定的进给速度镗孔至 Z 指定的深度后，主轴定向停止，使刀尖指向一固定的方向后，镗刀中心偏移使刀尖离开加工孔面（图 11-19），这样镗刀以快速定位退出孔外时，才不至于划伤孔面。当镗刀退回到 *R* 点或起始点时，刀具中心即恢复原来位置，且主轴恢复转动。

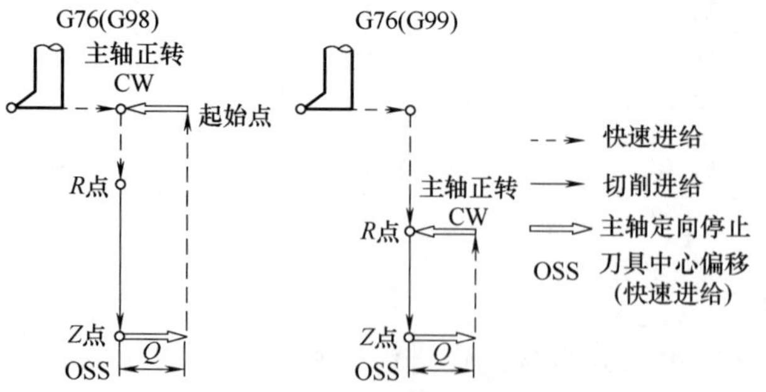

图 11-18　G76 动作

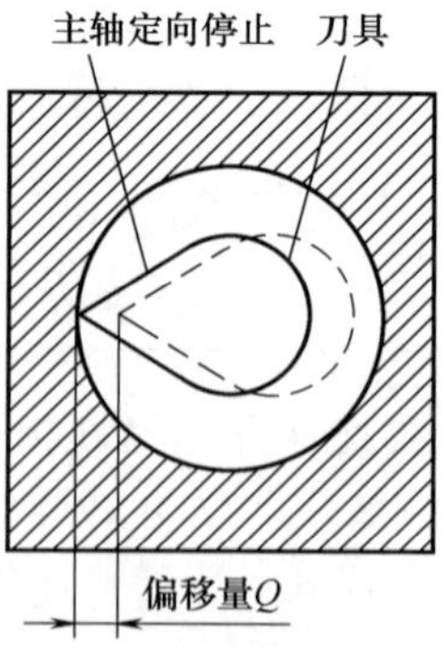

图 11-19　主轴定向停止与偏移

应注意偏移量 Q 值一定是正值，且 Q 不可用小数点方式表示数值，如欲偏移 1.0mm，应写成 Q1000。偏移方向可用参数设定选择+*X*，+*Y*，−*X* 及−*Y* 的任何一个方向，一般设定为+X 方向。指定 Q 值时不能太大，以避免碰撞工件。

④ 钻孔循环指令（G81）。

指令格式：G81 X __ Y __ Z __ R __ F __;

说明：孔加工动作如图 11-20 所示。本指令属于一般孔钻削加工固定循环指令。

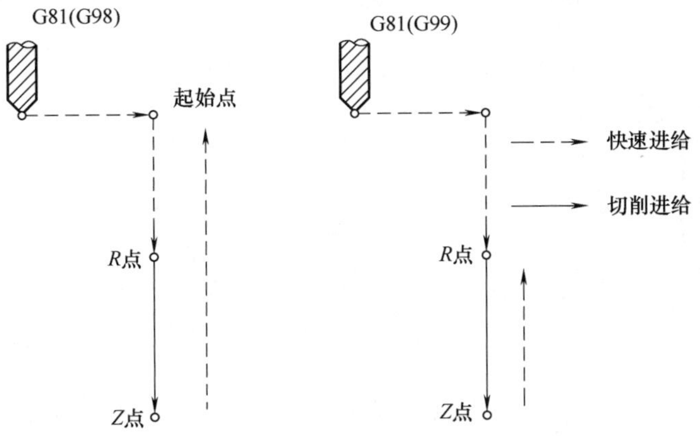

图 11-20　G81 动作

【例 11-4】　如图 11-21 所示的零件，在板料上加工孔，板厚 10mm，要求用 G81 编程，选用ϕ10mm 钻头。

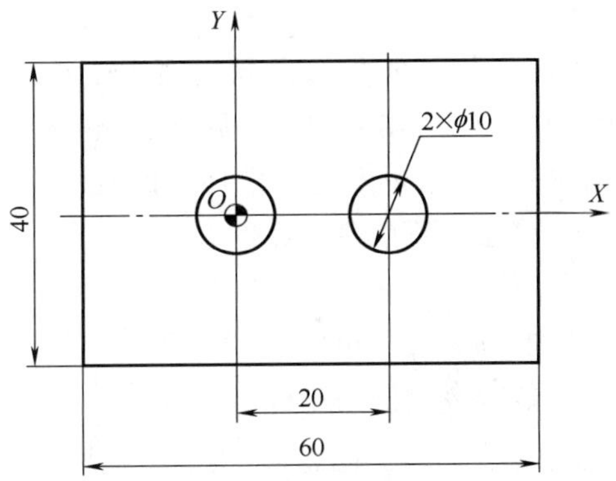

图 11-21　G81 编程实例

参考程序：

O11002

N10 G90 G54 G00 X0 Y0 S1150 M03;

N20 Z50 M08;

N30 G99 G81　X0 Y0 Z-15 R3 F110;

钻点（0，0）处孔

N40 X20;

钻点（20，0）处孔

N50 G80;

取消钻孔循环

N60 G00 Z50;

N70 M30;

⑤ 沉孔钻孔循环指令（G82）。

指令格式：G82 X __ Y __ Z __ R __ P __ F __;

指令说明：与 G81 动作轨迹一样，仅在孔底增加了“暂停”时间，因而可以得到准确的孔深尺寸，表面更光滑，适用于锪孔或镗阶梯孔。

⑥ 深孔钻循环指令（G83）。

指令格式：G83 X __ Y __ Z __ R __ Q __ F __;

说明：孔加工动作如图 11-22 所示，本指令适用于加工较深的孔，与 G73 不同的是，每次刀具间歇进给后退至 R 点，可把切屑带出孔外，以免切屑将钻槽塞满而增加钻削阻力及切削液无法到达切削区。图中的 d 值由参数设定，当重复进给时，刀具快速下降，到 d 规定的距离时转为切削进给，q 为每次进给的深度。

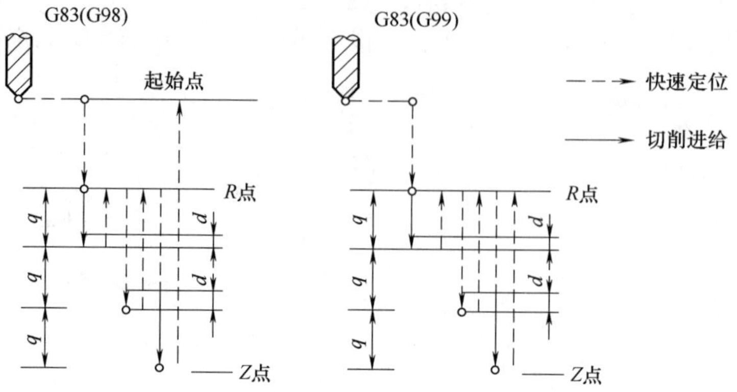

图 11-22　G83 动作

G83 与 G73 的区别在于：G83 每次进给 Q 后，退至 R 平面；而 G73 每次进给 Q 后，向上退 d 的距离。相比之下，G83 适合更深的孔加工。

⑦ 攻右旋螺纹循环指令（G84）。

指令格式：G84 X＿ Y＿ Z＿ R＿ F＿;

说明：与 G74 类似，但主轴旋转方向相反，用于攻右旋螺纹，其循环动作如图 11-23 所示。在 G74、G84 攻螺纹循环指令执行过程中，操作面板上的进给率调整旋钮无效，另外即使按下进给暂停键，循环在回复动作结束之前也不会停止。

⑧ 铰孔循环指令（G85）。

指令格式：G85 X＿ Y＿ Z＿ R＿ F＿;

说明：孔加工动作与 G81 类似，但返回行程中，从 Z 到 R 为切削进给，以保证孔壁光滑，其循环动作如图 11-24 所示。

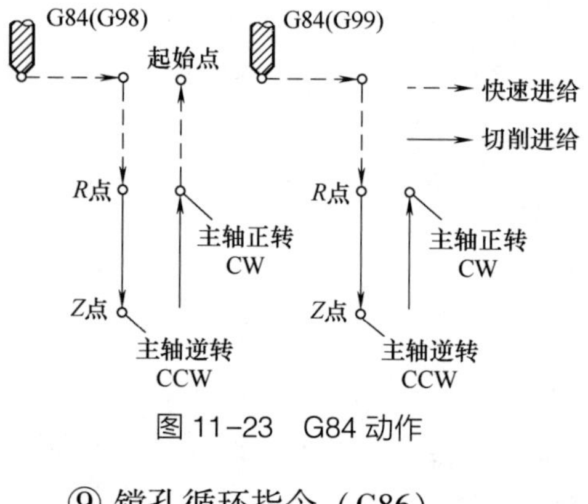

图 11-23　G84 动作

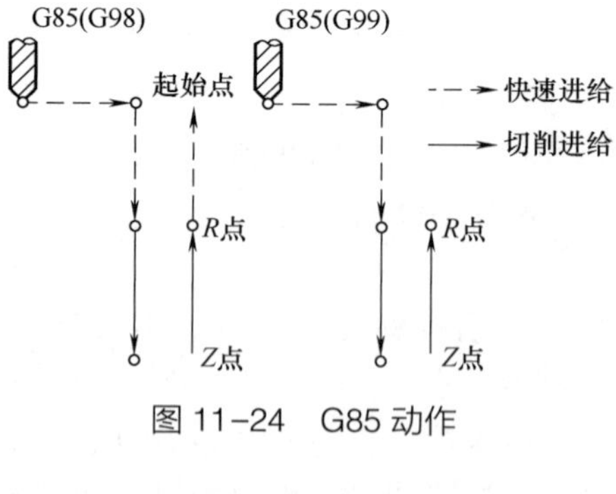

图 11-24　G85 动作

⑨ 镗孔循环指令（G86）。

指令格式：G86 X＿ Y＿ Z＿ R＿ F＿;

说明：指令的格式与 G81 类似，但进给到孔底后，主轴停止，返回到 R 点（G99）或起始点（G98）后主轴重新启动，其循环动作如图 11-25 所示。采用这种方式加工，如果连续加工的孔间距较小，则可能出现刀具已经定位到下一个孔加工的位置而主轴尚未到达规定转速的情况。为此，可以在各孔动作之间加入暂停指令 G04，以便主轴获得规定的转速。使用固定循环指令 G74 与 G84 时也有类似的情况，同样应注意避免。本指令属于一般孔镗削加工固定循环。

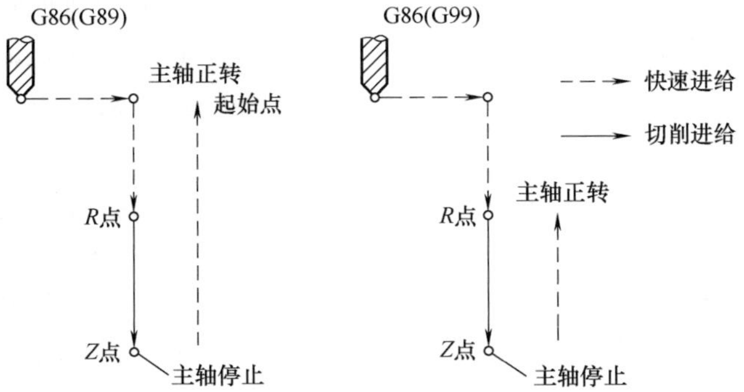

图 11-25　G86 动作

⑩ 取消固定循环指令（G80）。

指令格式：G80；

说明：当固定循环指令不再使用时，应用 G80 指令取消固定循环，而恢复到一般基本指令状态（如 G00、G01、G02、G03 等），此时固定循环指令中的孔加工数据（如 *Z* 点值、*R* 点值等）也被取消。

（5）应用固定循环时的注意事项

① 指定固定循环之前，必须用辅助功能（M 指令）使主轴旋转。

② G73～G89 是模态指令，一旦指定将一直有效。

③ 由于固定循环是模态指令，因此，在固定循环有效期间，如果 X、Y、Z、R 中的任意一个被改变，就要进行一次孔加工。

④ 固定循环程序段中，如在不需要指令的固定循环下指令了孔加工数据 Q、P，它只作为模态数据进行存储，而无实际动作产生。

⑤ 使用具有主轴自动启动的固定循环（G74、G84、G811）时，如果孔的 *XY* 平面定位距离较短，或从初始平面到 *R* 点平面的距离较短，且需要连续加工，为了防止在进入孔加工动作时主轴不能达到指定的转速，应使用 G04 暂停指令进行延时。

⑥ 在固定循环中，刀具半径补偿（G41，G42）无效，刀具长度补偿（G43，G44）有效。

⑦ 可用 01 组 G 代码取消固定循环，当 01 组 G 代码，如 GOO、G01、G02、G03 等与固定循环指令出现在同一程序段时，按后出现的指令执行。

11.3　孔加工编程实例

完成如图 11-26 所示零件上 2-$\phi10^{+0.015}_{0}$ 孔及 2-M8 螺纹加工，毛坯为 80mm×60mm×36mm 长方块（其余面已经加工），材料为 45 钢，单件生产。

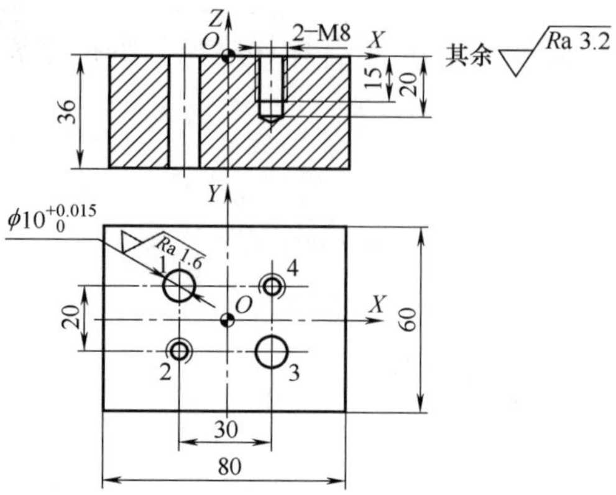

图 11-26 滑块孔零件图

11.3.1 加工工艺的确定

11.3.1.1 分析零件图样

该零件上要求加工 $2-\phi10^{+0.015}_{0}$ 及 2-M8 螺纹。孔的尺寸精度为 IT7，表面粗糙度全部为 *R*a1.11μm，加工要求较高；螺纹的表面粗糙度为 *R*a3.2μm，加工要求一般。

11.3.1.2 工艺分析

（1）加工方案的确定

① $2-\phi10^{+0.015}_{0}$ 孔加工方案。打中心孔→钻 $2-\phi10^{+0.015}_{0}$ 底孔至 $\phi9$→扩 $2-\phi10^{+0.015}_{0}$ 孔至 $\phi9.85$→铰孔至 $\phi10^{+0.015}_{0}$。

② 2-M8 螺纹加工方案。打中心孔→钻 2-M8 螺纹孔底孔至 $\phi6.7$→攻丝至 M8。

（2）确定装夹方案

由题意可知，外轮廓及上下面均不加工，直接采用平口钳装夹，底部用垫铁垫起，注意要让出通孔的位置。

（3）确定加工工序

加工工序如表 11-9 所示。

表 11-9　　数控加工工序卡片

数控加工工序卡片		产品名	零件名	材料	零件图号		
				45 钢			
工序号	程序编	夹具名	夹具编	使用设备		车间	
		虎钳					
工步号	工步内容	刀具号	主轴转速/(r/min)	进给速度/(mm/r)	背吃刀量/mm	侧吃刀量/mm	备注
1	打中心孔	T01	1200	40	1.5		
2	钻 $2-\phi10^{+0.015}_{0}$ 孔至 $\phi9$	T02	500	40	4.5		
3	钻 2-M8 螺纹孔底孔至 $\phi6.7$	T03	1100	110	3.35		
4	扩 $2-\phi10^{+0.015}_{0}$ 孔至 $\phi9.8$	T04	1100	100	0.4		
5	攻丝至 M8	T05	150	187.5			
6	铰孔至 $\phi10^{+0.015}_{0}$	T06	120	110	0.1		

（4）刀具及切削参数的确定

刀具及切削参数的确定，如表 11-10 所示。

表 11-10　　数控加工刀具卡片

数控加工刀具卡片		工序号		程序编号		产品名称		零件名称	材　料	零件图号
									45 钢	
序号	刀具号	刀具名称	刀具规格/mm		补偿值/mm		刀补号		备注	
			直径	长度	半径	长度	半径	长度		
1	T01	中心钻	$\phi3$	实测				H01	高速钢	
2	T02	麻花钻	$\phi9$	实测				H02	高速钢	
3	T03	麻花钻	$\phi11.7$	实测				H03	高速钢	
4	T04	扩孔钻	$\phi9.8$	实测				H04	高速钢	
5	T05	M8 丝锥	M8	实测				H05	高速钢	
6	T06	铰刀	$\phi10$	实测				H06	高速钢	

11.3.2　参考程序编制

11.3.2.1　工件坐标系的建立

以如图 11-26 所示的上表面中心作为 G54 工件坐标系原点。

11.3.2.2　基点坐标计算

基点坐标计算略。

11.3.2.3　参考程序

执行程序前已完成对刀，确定了各把刀的长度补偿值。

参考程序如表 11-11 所示。

表 11-11　　参考程序

程　　序	说　　明
O1003	程序名
N10 G90 G54 G00 X0 Y0 S1200 M03	建立工件坐标系,启动主轴
N20 G43 Z50 H01 M08	到达安全高度,建立刀具长度补偿,打开冷却液
N30 G99 G81 X-15 Y10 Z-5 R3 F50	打中心孔,孔 1
N40 Y-10	打中心孔,孔 2
N50 X15	打中心孔,孔 3
N60 Y10	打中心孔,孔 4
N70 G80	取消孔加工固定循环
N80 G00 Z100 M05	抬刀到 Z100,主轴停
N90 M00	程序暂停,人工换上 $\phi9$ 麻花钻
N100 G90 G54 G00 X0 Y0 S500 M03	快速走刀到 X0 Y0 处,主轴正转
N110 G43 Z50 H02	主轴到达安全高度,建立刀具长度补偿
N120 G99 G73 X-15 Y10 Z-41 R3 Q5 F40	钻孔,孔 1
N130 X15 Y-10	钻孔,孔 3

续表

程　序	说　明
N140 G80	取消孔加工固定循环
N150 G00 Z400 M05	抬刀到 Z400,主轴停
N160 M00	程序暂停,人工换上ϕ6.7 麻花钻
N170 G90 G54 G00 X0 Y0 S1100 M03	快速走刀到 X0 Y0 处,主轴正转
N180 G43 Z50 H03	主轴到达安全高度,建立刀具长度补偿
N190 G99 G83 X-15 Y-10 Z-22 R3 Q5 F110	钻孔,孔 2
N200 X15 Y10	钻孔,孔 4
N210 G80	取消孔加工固定循环
N220 G00 Z400 M05	抬刀到 Z400,主轴停
N230 M00	程序暂停,人工换上ϕ9.8 扩孔钻
N240 G90 G54 G00 X0 Y0 S1100 M03	快速走刀到 X0 Y0 处,主轴正转
N250 G43 Z50 H04	主轴到达安全高度,建立刀具长度补偿
N260 G99 G81 X-15 Y10 Z-41 R3 F40	扩孔,孔 1
N270 X15 Y-10	扩孔,孔 3
N280 G80	取消孔加工固定循环
N290 G00 Z400 M05	抬刀到 Z400,主轴停
N300 M00	程序暂停,人工换上 M8 丝锥
N310 G90 G54 G00 X0 Y0 S150 M03	快速走刀到 X0 Y0 处,主轴正转
N320 G43 Z50 H05	主轴到达安全高度,建立刀具长度补偿
N330 G99 G84 X-15 Y-10 Z-15 R8 F187.5	攻丝,孔 2
N340 X15 Y10	攻丝,孔 4
N350 G80	取消孔加工固定循环
N360 G00 Z400 M05	抬刀到 Z400,主轴停转
N370 M00	程序暂停,人工换上ϕ10 铰刀
N380 G90 G54 G00 X0 Y0 S120 M03	快速走刀到 X0 Y0 处,主轴正转
N390 G43 Z50 H06	主轴到达安全高度,建立刀具长度补偿
N400 G99 G85 X-15 Y10 Z-40 R3 F110	铰孔,孔 1
N410 X15 Y-10	铰孔,孔 3
N420 G80	取消孔加工固定循环
N430 G00 Z100 M05 M09	抬刀到 Z100,主轴停,关闭冷却液
N440 G49	取消刀具长度补偿
N450 M30	程序结束

11.4 任务实施

加工如图 11-1 所示建筑提升机支撑座零件的 4-ϕ16 沉孔。六面已加工，材料为 45

钢，单件生产。

11.4.1　加工工艺的确定

11.4.1.1　分析零件图样

该零件上要求加工 4-ϕ12mm、4-ϕ16mm 的沉孔。孔的尺寸精度为 IT7，表面粗糙度全部为 Ra3.2，加工要求一般。

11.4.1.2　工艺分析

（1）加工方案的确定

① 4-ϕ12mm 孔加工方案。打中心孔→钻 4-ϕ12mm 底孔至ϕ11.7mm→铰孔至ϕ12mm。

② 4-ϕ16mm 沉孔加工方案。扩孔至 4-ϕ16mm 沉孔。

（2）确定装夹方案

本项目主要加工零件的 4-ϕ16mm 沉孔，外轮廓及上下面均不加工，直接采用平口钳装夹，底部用垫铁垫起，注意要让出通孔的位置。

（3）确定加工工序

加工工序如表 11-12 所示。

表 11-12　　数控加工工序卡片

数控加工工序卡片			产品名称	零件名称	材　料		零件图号
					45 钢		
工序号	程序编号	夹具名称	夹具编号	使用设备		车间	
		平口虎钳					
工步号	工步内容		刀具号	主轴转速/(r/min)	进给速度/(mm/r)	背吃刀量/mm	侧吃刀量/mm	备注
1	打中心孔		T01	1200	40	1.5		
2	钻 4-ϕ12 孔至ϕ11.7		T02	500	40	4.5		
3	铰 4-ϕ12 孔至ϕ12		T03	200	110	0.1		
4	扩 2-ϕ16 孔至ϕ16		T04	800	100	0.4		

（4）刀具及切削参数的确定

刀具及切削参数的确定，如表 11-13 所示。

表 11-13　　数控加工刀具卡片

数控加工刀具卡片		工序号	程序编号	产品名称	零件名称		材　料		零件图号
							45 钢		
序号	刀具号	刀具名称	刀具规格/mm		补偿值/mm		刀补号		备注
			直径	长度	半径	长度	半径	长度	
1	T01	中心钻	ϕ3	实测				H01	高速钢
2	T02	麻花钻	ϕ11.7	实测				H02	高速钢
3	T03	铰刀	ϕ12	实测				H03	高速钢
4	T04	扩孔钻	ϕ16	实测				H04	高速钢

11.4.2 参考程序编制

11.4.2.1 工件坐标系的建立

以如图 11-27 所示的上表面中心作为 G54 工件坐标系原点。

11.4.2.2 基点坐标计算（图 11-27）

1 点的坐标为（-40.5，40.5），2 点的坐标为（40.5，40.5），3 点的坐标为（-40.5，-40.5），4 点的坐标为（40.5，-40.5）。

加工路线：1 点→2 点→3 点→4 点。

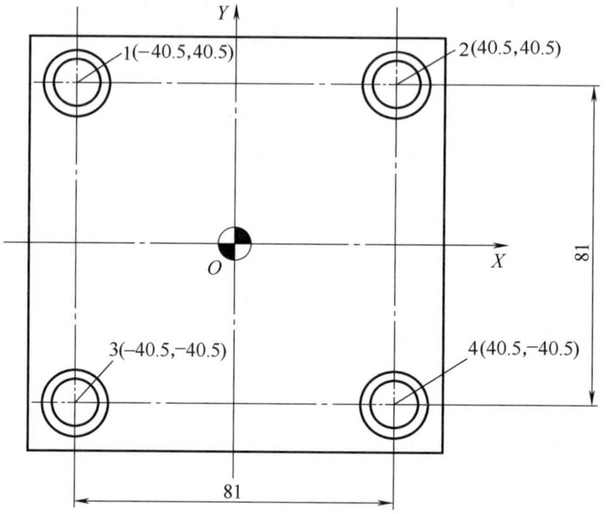

图 11-27 加工路线图

11.4.2.3 参考程序

执行程序前已完成对刀，确定了各把刀的长度补偿值。

参考程序如表 11-14 所示。

表 11-14 参考程序

程 序	说 明
O1004	程序名
N10 G90 G54 G00 X0 Y0 S1200 M03	建立工件坐标系，启动主轴
N20 G43 Z50 H01 M08	主轴到达安全高度，建立刀具长度补偿，打开冷却液
N30 G99 G81 X-40.5 Y40.5 Z-5 R3 F50	打中心孔，孔 1
N40 X40.5	打中心孔，孔 2
N50 Y-40.5	打中心孔，孔 3
N60 X-40.5	打中心孔，孔 4
N70 G80	取消孔加工固定循环
N80 G00 Z100 M05	抬刀到 Z100，主轴停
N90 M00	程序暂停，人工换上 ϕ11.7 麻花钻

续表

程　序	说　明
N100 G90 G54 G00 X0 Y0 S500 M03	快速走刀到 X0 Y0 处,主轴正转
N110 G43 Z50 H02	主轴到达安全高度,建立刀具长度补偿
N120 G99 G73 X-40.5 Y40.5 Z-45 R3 Q5 F40	钻孔,孔 1
N130 X40.5 Y40.5	钻孔,孔 2
N140 X-40.5 Y-40.5	钻孔,孔 3
N150 X40.5 Y-40.5	钻孔,孔 4
N160 G80	取消孔加工固定循环
N170 G00 Z100 M05	抬刀到 Z100,主轴停
N180 M00	程序暂停,人工换上ϕ12 铰刀
N190 G90 G54 G00 X0 Y0 S120 M03	快速走刀到 X0 Y0 处,主轴正转
N200 G43 Z50 H03	主轴到达安全高度,建立刀具长度补偿
N210 G99 G85 X-40.5 Y40.5 Z-45 R3 F110	铰孔,孔 1
N220 X40.5 Y40.5	铰孔,孔 2
N230 X-40.5 Y-40.5	铰孔,孔 3
N240 X40.5 Y-40.5	铰孔,孔 4
N250 G80	取消孔加工固定循环
N260 G00 Z100 M05	抬刀到 Z400,主轴停
N270 M00	程序暂停,人工换上ϕ16 扩孔钻
N280 G90 G54 G00 X0 Y0 S1100 M03	快速走刀到 X0 Y0 处,主轴正转
N290 G43 Z50 H04	主轴到达安全高度,建立刀具长度补偿
N300 G99 G81 X-15 Y10 Z-10 R3 F40	扩孔,孔 1
N310 X40.5 Y40.5	扩孔,孔 2
N320 X-40.5 Y-40.5	扩孔,孔 3
N330 X40.5 Y-40.5	扩孔,孔 4
N340 G80	取消孔加工固定循环
N350 G00 Z400 M05	抬刀到 Z100,主轴停
N360 M09	关闭冷却液
N370 G49	取消刀具长度补偿
N380 M30	程序结束

参考文献

［1］ 宋宏明，杨丰．数控加工工艺［M］．北京：机械工业出版社，2019.

［2］ 宋福林，张加锋．数控车铣加工职业技能实训教程［M］．北京：化学工业出版社，2022.

［3］ 邓中华，黄登红，邓元山．航空典型零件多轴数控编程技术［M］．北京：化学工业出版社，2021.

［4］ 陈华，林若森．零件数控铣削加工［M］．北京：北京理工大学出版社，2022.

［5］ 陈洪涛．数控加工工艺与编程［M］．北京：高等教育出版社，2021.

［6］ 杨天云．数控加工工艺［M］．北京：清华大学出版社，2021.

［7］ 张喜江．多轴数控加工中心编程与加工：从入门到精通［M］．北京：化学工业出版社，2020.

［8］ 任立军．数控机床［M］．北京：机械工业出版社，2016.

［9］ 周保牛，刘江．数控编程与加工技术［M］．北京：机械工业出版社，2019.

［10］ 顾其俊，卢孔宝．数控铣床（加工中心）编程与图解操作［M］．北京：机械工业出版社，2015.

［11］ 廖璘志，任倪燕，刘学航．数控铣削编程与应用［M］．北京：中国轻工业出版社，2020.

［12］ 刘蔡保．数控车床编程与操作［M］．北京：化学工业出版社，2019.

［13］ 李锋，朱亮亮．数控加工工艺与编程［M］．北京：化学工业出版社，2019.